계단오르듯
수학
정복하기

저자 정의채

도서출판 솔언덕

책을 펴내며

　이 책은 학생들이 수학 공부에 대해 느끼는 부담을 줄이고, 즐겁게 학습할 수 있도록 돕기 위해 집필하였습니다. 어렵고 힘들게만 느껴지던 수학도 학습 방법의 작은 변화를 통해 흥미롭게 공부할 수 있으며, 성적 향상으로도 이어질 수 있습니다. 학생이 수학 공부를 어려워하는 이유를 분석하고, 실력 향상을 위한 공부 방법 교정에 대해 구체적인 실천 방법을 설명하였습니다. 학생들은 물론, 자녀의 수학 학습에 관심이 있는 학부모에게도 유익한 안내서가 될 것입니다.

　수학은 초등학교 1학년부터 고등학교 3학년까지 내용이 단계적으로 구성된 과목입니다. 또 각 단원의 내용도 차례로 쌓이듯 전개되므로, 계단을 오르듯 순서대로 공부하면 학년이 올라가더라도 수학을 어렵지 않게 학습할 수 있습니다.

　수학 공부를 잘하는 데 중요한 두 축은 수학 지식과 학습 능력입니다. 학년이 높아질수록 수학 공부가 부담스럽지 않으려면 수학 지식을 쌓는 것에만 집중하는 것이 아니라 학습 능력도 함께 발전시켜야 합니다. 학년이 올라갈수록 요구되는 사고력과 이해력의 수준이 점점 높아지기 때문입니다. 올바른 방법으로 공부해야 학습 능력이 향상되며, 단순히 문제를 많이 푸는 방식으로 공부하면 학습 능력 발달이 제대로 이루어지지 않아 고등학생이 되었을 때 수학이 더욱 어려울 수 있습니다.

　문제를 많이 풀면 풀이 속도가 빨라지고 기술이 향상되지만, 단순히 문제의 양을 늘린다고 해서 수학적 사고력이나 학습 능력이 전반적으로 향상되는 것은 아닙니다. 수학을 잘하려면 개념을 정확히 이해하고, 이를 체계적으로 정리해 기억하며, 문제 해결에 효과적으로 적용하는 등 다양한 능력이 균형 있게 발달해야 합니다. 따라서 고등학교 수학을 보다 더 쉽게 공부하려면 문제 풀기에 앞서 개념을 충분히 익히는 과정이 선행되어야 합니다. 단순히 개념 설명을 듣고 문제 풀이를 따라 하는 수동적인 방법으로는 학습 능력을 충분히 키우기가 어렵습니다.

　고등학생이 되어 수학 공부가 힘들어지고 성적이 떨어지는 학생의 중학교 시절 학습 습관은 공식을 암기하고 문제를 반복적으로 푸는 방식이 공통으로 나타납니다. 반면, 개념을 깊이 이해하고 공식을 직접 유도해 보며 원리를 탐구하는 학생들은 학년이 올라갈수록 두각을 냅니다. 특히, 개념을 충분히 이해하지 않은 채 문제 풀이만 반복하다 보면 자신이 개념을 알고 있다고 착각하기 쉽고, 결국 수학 공부를 포기할 위험성이 커집니다.

수학 공부를 바르게 하고 있는지 스스로 판단하는 방법이 있습니다. 수학 공부하고 나서 뇌는 피곤한데 마음이 편안하면 바르게 공부하고 있다고 판단할 수 있습니다. 수학 공부하고 나서 마음이 오히려 불안해지면 공부를 잘못하고 있다는 신호입니다. 불안한 마음은 내용을 제대로 알지 못할 때 생깁니다.

제1장에서는 상위권 학생과 하위권 학생의 학습 방법을 비교하여 수학 공부 습관이 성적에 미치는 영향을 설명하였습니다. 제2장과 3장에서는 수학 공부 습관이 수학 지식 쌓기와 학습 능력 향상에 미치는 영향을 설명하였습니다. 수학 성적은 문제 풀기 이전에 이미 개념의 이해 정도에 따라 결정됩니다. 개념을 효과적으로 학습하는 방법을 구체적으로 소개하였습니다. 또한, 학습 능력을 키우는 데 필요한 공부 태도를 설명하였습니다.

수학의 주요 네 가지 영역인 해석, 대수, 기하, 통계는 각각 고유한 특성이 있으며, 학습할 때 영역별로 중점을 두어야 할 부분이 다릅니다. 이에 따라, 각 영역을 효과적으로 공부하는 방법을 제4장에 구체적인 예시와 함께 정리하였습니다. 제5장에서는 문제를 아무리 많이 풀어도 성적이 오르지 않는 이유를 설명하였습니다. 제6장에서는 사교육을 받아도 성적이 오르지 않는 이유를 분석하였습니다. 제7장에서는 성공과 실패를 가르는 요소에 대하여 살펴보았습니다. 수학 공부 때문에 생기는 고민을 해결하는 방법을 얻고 싶다면 제8장을 읽어보시길 바랍니다.

이 책이 많은 학생들에게 수학 공부의 부담을 줄여주고, 보다 쉽고 효과적인 학습 방법을 찾는 데 도움이 되기를 희망합니다.

저자 정의채

| 목차 |

제0장 이것만 알아도 달라진다. · 009

1. 문제를 많이 풀어도 성적이 나오지 않는 이유 · 010
2. 학원 다녀도 소용이 없는 이유 · 013
3. 2W1H란? · 016
4. 고3 성적 미리 보기 · 017

제1장 수학 상위권과 하위권 학생의 차이점 · 023

1. 현재 상황을 파악하고 지낸다. · 024
2. 공부 습관도 다르다. · 026
3. 외운 내용과 아는 내용을 구별한다. · 027
4. 폭넓고 깊게 공부한다. · 031
5. 문제 해결하는 태도 차이 · 032
6. 학습 능력의 발달 · 033
7. 문과 체질 학생도 수학 성적을 잘 받는 비결 · 034
8. 의지의 차이 · 035
9. 수학 제일 쉬운 과목인 이유, 어려운 과목인 이유 · 036

제2장 대학 입시에 성공하는 수학 공부 조건 · 039

1. 수학 지식 쌓기 · 040
   (1) 단원의 체계를 알면 수학 공부가 달라진다.
   (2) 잘못 알고 있었다고?
   (3) 아는지 모르는지 판별하지 못하는 학생은 희망이 없다.

2. 공부 능력 키우기 • 055
  (1) 받아들이지 말고 스스로 해결하라
  (2) 이해력 키우기
  (3) 문제 해결 능력 키우기
  (4) 학습 능력 키우기
  (5) 기억력 키우기
  (6) 창의력 키우기
  (7) 학습 능력 키우기와 집중력

제3장 수학 공부를 어떻게 해야 성적이 오를까? • 073

1. 개념 공부 • 074
2. 공식 공부 • 095
3. 단원 정리 • 101
4. 선수학습 • 103
5. 수학 공부는 계단 오르듯 하라 • 105

제4장 영역별 공부 비법 • 107

1. 도형(기하학) • 108
2. 방정식(대수학) • 113
3. 미적분(해석학) • 114
4. 확률과 통계(통계학) • 115

제5장 문제 많이 푼다고 성적이 오르지 않는면 · 121

1. 시험 문제의 구성 · 122
2. 문제를 정확하게 파악한다는 것은? · 124
3. 버려야 할 습관 · 129
4. 수학 문제 얼마나 풀어야 하나? · 130
5. 문제를 많이 풀어도 성적이 오르지 않는 이유 · 131
6. 풀이 과정을 잘 쓰면 오답이 사라진다. · 139
7. 초등학생 때 좋던 수학 성적이 점점 떨어지는 이유 · 142

제6장 사교육 효과는 얼마나 될까? · 145

1. 사교육 효과가 얼마나 있을까? · 146
2. 능동적 학생과 수동적 학생 · 147
3. 학습지, 학원 그리고 과외의 선택 · 148
4. 수학 학원 언제 보내야 하나? · 150
5. 동영상으로 공부하면 효과가 얼마나 있을까? · 152
6. 유형별 문제집의 장단점 파헤치기 · 154
7. 오답 노트, 과연 효과가 얼마나 있을까? · 158
8. 내신과 수능 · 159
9. 문제집 5권 풀기 어떤 효과가 있나? · 164
10. 내신 성적 올리기 · 165

제7장 성공과 실패를 가르는 요소 • 169

1. 선행학습 효과와 부작용 • 170
2. 조기교육, 적기 교육 • 173
3. 수학 영재 교육 • 177
4. IQ와 수학 공부 • 178
5. 성공하는 사람의 특징 • 180
6. 대학 입시에 성공하는 학생의 특징 한 가지 • 181
7. 자녀를 성공으로 이끄는 부모와 실패로 이끄는 부모 • 182
8. 재수해도 소용없는 학생과 재수 결과가 기대되는 학생 • 189

제8장 고쳐야 성적이 오른다. • 191

1. 공부 습관 점검하기 • 192
2. 수학 공부가 재미있으려면 • 197
3. 시험이 다가오면 불안하다. • 198
4. 문제 풀 때 실수를 많이 한다. • 199
5. 수학이 너무 어렵다. • 201
6. 시험 시간에 머리가 하얗게 된다고? • 202
7. 책을 읽어도 이해가 안 가면 무엇이 문제인가? • 202
8. 스트레스 없이 공부하기 • 203
9. 쓸데도 없는 수학 왜 공부하는지 몰라요. • 209

추천의 글 • 214

제 0 장

이것만 알아도 달라진다.

1. 문제를 많이 풀어도 성적이 나오지 않는 이유

학생들은 쉬운 문제부터 어려운 문제까지 수많은 문제를 풉니다. 기본 문제, 개념 문제, 유형 문제, 활용 문제까지 풀었다고 해서 문제 풀기가 끝난 것이 아니죠. 실전 문제, 최상위 문제 등 어려운 문제까지 풀며 시험을 앞두고는 기출 문제를 더하여 풀어 보고 시험을 치릅니다.

이렇게 많은 문제를 풀고 치른 시험에서 높은 성적을 기대하겠지만, 시험 결과는 늘 마찬가지입니다. 왜일까요? 여기에는 명확한 이유가 있습니다. 수학 성적에 가장 중요한 요소는 문제 풀기가 아니기 때문입니다. 이해를 위해 예를 들어 보겠습니다.

수학 교수가 문제집 한 권도 풀지 않고 시험 범위를 교과서만 한 번 정독하고 중학교나 고등학교 시험을 본다면 시험 성적이 좋을까요? 아니면 나쁠까요? 수학 교수도 사람인지라 실수로 만점을 얻지 못할 수는 있어도 시험에서 높은 성적을 얻으리라고 예상합니다. 문제집 한 권도 풀지 않은 수학 교수가 시험에서 높은 성적을 얻는 현상을 생각해 보면 수학 성적과 문제 푸는 양은 상관이 없을 수도 있음을 짐작할 수 있습니다.

이번에는 문제를 많이 풀어 보아도 좋은 성적을 얻을 수 없는 예를 들어 보겠습니다. 평범한 초등학생이 고등학교에서 배우는 미분 시험을 위하여 5권의 문제집을 반복하여 풀어 보았다면 이 초등학생이 미분 시험에서 좋은 성적을 얻을 수 있을까요? 문제집 다섯 권이 아니라 열 권을 풀어도 이 초등학생은 미분 시험에서 좋은 성적을 얻을 수 없습니다.

수학 교수가 미분에 대한 문제집을 한 권도 풀지 않고 좋은 성적을 받을 수 있는 이유와 초등학생이 미분에 대한 많은 문제를 풀고도 좋은 성적을 받을 수 없는 공통 이유는 좋은 성적을 위해 문제를 많이 푸는 것보다 더 중요한 것이 내용을 먼저 알고 이해하는 것입니다. 수학 교수는 학생과 비교하여 수학 내용을 더 정확하고 폭넓게 이해하고 있습니다. 미분에 대한 충분한 이해가 문제를 풀 수 있는 방법을 이끌어 내고 반면 내용을 모르는 초등학생은 문제를 풀 방법을 알 수 없기 때문입니다. 그러므로 초등학생이 미분 문제를 아무리 많이 풀어도 시험에서 높은 성적을 받을 수 없는 이유입니다.

문제 풀기보다 더 중요한 것이 내용 알기입니다. 내용에 대한 이해가 없거나 부족하면 문제 풀기는 아무 소용이 없습니다. 이제 학생의 현실을 알아볼까요! 학생들은 내용을 불완전하게 아는 상태에서 문제 풀기를 시작합니다. 문제를 풀어 보면서 내용 아는 것에 도움이 안 된다면 문제 풀기는 헛수고가 됩니다. 반대로 내용을 완벽히 안다면 풀지 못하는 문제가 없습니다. 풀지 못하는 문제가 있다는 것은 내용에 대한 이해가 부족하다는 것입니다. 이 경우는 문제를 풀기보다는 내용 공부를 다시 해야 합니다.

☆ 수학에서 내용이란 정의(개념), 성질, 정리, 공식 등을 이야기합니다. ☆

한 번쯤 겪어본 경험

여러분의 대부분이 한 번쯤 이런 경험을 겪어본 적이 있을 것입니다. 새로운 단원의 내용을 공부하고 나면 문제를 풀어 볼 것입니다. 그러나 문제 풀기 시작 초기와 달리 문제를 계속 풀다 보면 오히려 혼란을 겪습니다. 왜 이런 현상을 겪을까요?

이런 현상을 겪는 이유는 정확하게 문제를 많이 풀어도 소용이 없는 이유와 일치합니다. 내용을 정확하게 아는 교수는 문제를 많이 푼다고 혼란을 겪지 않죠. 반면에 평범한 초등학생이 고등학교 미분 문제를 푼다면 10문제를 풀고 풀이법을 기억하려 해도 쉽지 않습니다. 만일 이 학생이 20문제의 풀이법을 외우려 한다면 처음 풀어 본 10문제의 풀이법조차 헷갈리고 혼란을 겪을 가능성이 높습니다.

일반적으로 학생이 자신이 아는 내용의 한계를 넘어서 문제를 계속 풀면 문제 풀기가 공부에 도움이 되지 않고 오히려 혼란을 겪게 됩니다. 문제 풀기가 도움이 되는 것은 내용을 아는 범위로 한정됩니다. 문제 풀기 전에 개념을 비롯한 내용을 얼마나 아는지가 문제 풀기를 해서 자신의 공부에 도움이 되는 기준입니다.

개념을 정확하게 알지 못한 상태에서 문제 풀기를 지나치게 하면 오히려 독이 됩니다. 이는 마치 근육 훈련을 충분히 하지 않고 실전 훈련을 지나치게 많이 하면 근육통이나 부상으로 이어지는 것과 비슷한 이치입니다.

재미있는 현상

초등학교 수학 시험은 내용을 모른 채로 문제 풀기를 많이 하여도 높은 성적을 얻는 것이 가능합니다. 초등학교 문제의 대부분이 계산 문제이기 때문이죠. 그런데 중학교 수학부터는 문제를 많이 푼다고 해서 높은 성적을 보장하지 못합니다. 성적에 대한 재미있는 현상이 있습니다. 이런 현상은 거의 모든 학생에게서 공통으로 관찰됩니다.

학생이 수학 내용을 공부하고 나서 처음에 쉬운 문제집 한 권을 풉니다. 이때 정답률과 시험 성적이 거의 일치합니다. 문제를 많이 풀거나 적게 풀거나 별 상관없이 처음 문제를 풀 때 정답률이 시험 예상 성적입니다. 이런 현상이 일어나는 이유와 이 현상을 어떻게 극복하는지에 대한 자세한 설명은 3장과 5장에 담았습니다.

2. 학원 다녀도 소용이 없는 이유

초등학생은 수학 학원에 다니기 시작하면 거의 모든 학생의 성적이 향상됩니다. 이런 현상 때문에 수학 성적이 좋지 않으면 학원에 다녀야 한다는 인식이 생기는 것 같습니다.

수학 학원에 다니는 중학생의 $\frac{1}{3}$은 성적이 향상되고, $\frac{1}{3}$은 제자리고, 나머지 $\frac{1}{3}$은 오히려 떨어집니다. 성적이 떨어지면 학원 옮기는 것을 고려하는 현상이 일어납니다. 학년이 올라갈수록 성적이 떨어지는 학생의 비율은 높아집니다.

수학 학원에 다니는 고등학생 중 절반이 넘는 학생이 희망도 없이 억지로 수학 공부를 하고 있습니다. 이 학생들은 수학 공부를 한다기보다는 버티고 있다고 해야 합니다. 학생에게 직접 물어보니 고등학교 3학년 학생의 $\frac{1}{3}$만 수학 공부를 이어가고 있고 나머지는 포기를 하거나 마지못해 붙들고 있다고 합니다.

초등학생 때부터 고등학교 3학년까지 살펴보면 수학 학원에 다녀도 소용이 없는 학생이 더 많습니다. 이유는 분명합니다. 수학 공부는 학원 교사나 과외 교사가 하고 학생은 수학 공부를 한 것이 아닙니다. 수학 학원 교사나 과외 교사가 학생을 지도하기 위해서 수업 준비를 합니다. 그 준비가 수학 공부입니다. 교사가 하는 수업 준비를 학생이 해야 수학 공부를 학생이 한 것입니다. 그렇다면 그 많은 시간 동안 학생이 한 것은 무엇인가요? 학생들이 한 것은 공부가 아니라 수학 시험 준비만 한 것입니다. 내용 공부를 하고 나서 시험 준비를 해야 좋은 성적이 기대되는데 내용 공부 없이 시험 준비만을 한 것입니다.

학생들이 학원 다니면서 한 것이 공부가 아니라는 사실을 반증해 주는 구체적인 현상이 있습니다. 학원에 다니면서 수학 공부를 한다는 학생에게 무엇을 어떻게 공부하고 있는지 질문하여 보았습니다. 그리고 학생들의 대답을 분석해 보면 '어떻게'만 알려고 하고 '왜'와 '무엇'에 대해서는 생각해 보지 않습니다. 실제 사례입니다.

중학교 3학년 1학기 첫 단원이 제곱근 단원입니다. 제곱근 문제를 열심히 풀고 있는 학생에게 질문하여 보았습니다.

$\sqrt{2}$가 무엇인지 설명해 보세요.
$\sqrt{4}=2$인 이유를 설명해 보세요.

이 두 질문에 하나라도 바르게 답하는 학생은 찾기 쉽지 않습니다. 물론 이뿐만이 아닙니다. '방정식이 무엇인가?', '소인수분해가 무엇인가?'처럼 단원 제목을 물어보면 제대로 답하는 학생이 거의 없습니다. 학생들은 이런 것을 아는 것이 성적과 상관이 없다고 생각하는 경향이 강합니다. 이에 대한 설명은 간단하지 않아서 뒤에 자세히 설명하겠습니다.

$\sqrt{2}$가 무엇인지 설명하지 못하고, $\sqrt{4}=2$인 이유를 설명하지 못하는 학생이

$$\sqrt{12}=2\sqrt{3}$$

이라고 합니다. $\sqrt{12}$, $\sqrt{3}$이 무엇인지도 모르고, 왜 $\sqrt{12}=2\sqrt{3}$인지도 모릅니다. 그런데

$$\sqrt{4}=\sqrt{2^2}$$

이고

$$\sqrt{2^2}=2$$

라고 합니다. 왜 그렇게 되냐고 학생에게 다시 질문하니 외웠다고 합니다. 그러면서

$$\sqrt{12}=\sqrt{2^2\times3}=2\sqrt{3}$$

이 맞지 않냐고 제게 반문합니다. 물론 맞습니다. 하지만 '무엇'을 모르고 '왜'를 모른다면 공부가 아니고 노동입니다. 풀 수 있는 문제도 단순 계산 문제뿐입니다. 당장 숫자를 문자로 바꾸면 문제를 해결하지 못합니다. 그 학생에게 다시 질문을 이어갔습니다.

$$\sqrt{a^2}=?$$

학생이 거침없이 $\sqrt{a^2}=a$라고 합니다. '어떻게' 그 식을 얻었냐고 했더니 제곱과 $\sqrt{}$가 지워져서 그렇다고 합니다.

그래서 $a=-2$를 식 $\sqrt{a^2}=a$에 대입하여 보고 맞는지 확인하라고 하였습니다.

$$\sqrt{a^2}=\sqrt{(-2)^2}=\sqrt{4}=2$$

되어 $a=-2$일 때 $\sqrt{a^2}=a$가 아닙니다. 즉, $\sqrt{a^2}=a$는 틀린 식입니다.

'어떻게'만 알고 '무엇'과 '왜'를 모르면 제곱근 단원에서 풀 수 있는 문제는 50% 정도입니다.

이제 본격적으로 학원에 다녀도 소용없는 이유 몇 가지를 설명하겠습니다.

첫째로는 앞서 설명한 것처럼 공부는 학원 교사가 하고 학생은 시험 준비만 합니다. 공부는 하지 않고 시험 준비만 한 학생은 이에 대한 부작용은 반드시 나타납니다. 이런 부작용을 가장 크게 느끼는 시기가 중학교 3학년과 고등학교 1학년 때입니다. 잘못 공부한 결과가 누적되어 풀 수 없거나 틀리는 문제가 이 시기에 급격히 많아지기 시작합니다. 그에 따른 결과에 학생들이 선택한 방법이 더 많은 문제 풀기입니다. 이렇게 해서는 성적이 좋아지지 않을뿐더러 공부가 더 힘들어집니다.

문제를 많이 풀어도 생각만큼 성적이 나오지 않는 이유가 잘못된 공부 습관입니다. 잘못된 습관 중 하나가 풀리지 않는 문제의 해결 방법으로 해설지를 읽고 넘어가는 것입니다. 이에 대한 설명 역시 간단하지 않아서 따로 자세히 설명합니다.

여기 또 다른 경우가 있습니다. 풀지 못하는 문제를 학생이 학원 교사에게 질문하면 문제를 처음부터 끝까지 풀어 주거나 힌트를 줍니다. 처음부터 끝까지 풀어 준다면 학생이 문제를 푼 것이 아니죠. 해설지를 읽는 것과 다름이 없습니다.

교사가 힌트를 주고 학생이 문제 풀기에 성공한 경우를 생각해 보겠습니다. 학생의 관점에서는 교사가 준 힌트 때문에 문제를 풀 수 있습니다. 결국 힌트를 제외한 나머지 풀이 과정은 학생이 원래 할 수 있는 과정입니다. 결국 힌트를 얻어서 문제를 풀면 문제를 풀기 전과 비교하여 학생이 얻은 것은 없습니다. 실제로 일주일 후에 학생에게 그 문제를 다시 풀어 보라고 하면 힌트를 생각해 내지 못하여 여전히 풀지 못합니다. 그래서 학생들은 문제를 반복해서 풉니다. 문제 풀이를 달달 외운다고 하죠.

학생에게는 힌트를 찾는 것만이 공부인데 이를 교사가 한 것입니다. 이런 식으로 공부하면 문제를 아무리 많이 풀어도 좋아지는 것은 별로 없습니다.

문제를 풀어서 성적 향상이 되려면 어떻게 해야 할까요? 이 역시 설명이 간단하지 않아서 따로 자세히 설명하겠습니다. 학원에 다녀서 성적이 오르려면 학생이 공부해야 합니다. 학원에 다녀서 성적이 오르려면 학생이 문제를 풀어야 합니다. 학생이 공부하고 학생이 문제를 푼다면 학원에 다녀서 도움을 얻을 수 있습니다. 학생이 학원에 의존하여 수학 공부를 하면, 일시적인 성적 향상 외에는 얻는 효과가 없습니다.

3. 2W1H란?

학생이 방정식 $2x+3=11$을 풀고 있습니다.

$2x+3=11$
$2x=11-3$
$2x=8$
$x=4$

학생에게 두 가지 질문을 하였습니다.

1 방정식이 무엇인지 설명하여라.
2 $2x+3=11$이 왜 $2x=11-3$이 되는지 설명하여라.

이 두 질문에 하나라도 대답을 제대로 하는 학생은 별로 없습니다. 그런데도 방정식을 어떻게 푸는지는 알고 있습니다.

수학 공부를 하면서 알아야 하는 세 가지는 무엇(What), 왜(Why) 그리고 어떻게(How) 입니다. 학생들은 2W를 모르면서 1H만 외운 채로 수학 문제를 풀고 있습니다.

육하원칙(5W1H)이란 기사를 쓸 때 반드시 들어가야 하는 6가지 내용으로 누가(Who), 언제(when), 어디서(Where), 무엇(What), 왜(Why) 그리고 어떻게(How) 입니다. 기사에 이 6가지가 모두 들어가야 독자가 사건을 정확하게 이해할 수 있습니다. 이 중 어느 하나만 빠져도 사건 전달이 불완전하게 됩니다. 그런데 수학 공부에서는 학생이 어디서든 공부할 때이므로 누가(Who), 언제(when) 그리고 어디서(Where)는 이미 공통으로 알려진 내용입니다. 따라서 수학 공부를 할 때는 '무엇(What), 왜(Why) 그리고 어떻게(How)'를 알아야 합니다.

사실 수학 공부가 어렵고 힘든 이유는 무엇(What), 왜(Why)를 모르는 채로 어떻게(How) 만을 공부하기 때문입니다. 이에 대한 자세한 설명은 이 책 여러 곳에서 찾을 수 있습니다.

4. 고3 성적 미리 보기

초등학생이 고등학교 3학년이 되어 수학 공부를 잘할 수 있을지 아닐지를 미리 알 수 있을까요? 중학생이나 고등학생이 되어 수학 공부를 잘할지 아닐지 어느 정도 가늠하려면 성적이 아닌 공부 방법인 "수학 공부를 어떻게 하는가?"를 살펴야 합니다.

직사각형의 넓이는 학생들이 쉽게 구합니다. 이런 이유로 초등학교 성적은 수학을 잘하고 못하고의 기준으로 적절하지 못합니다. 초등학교 수학 성적은 학생이 수학 공부를 열심히 하고 있는지 아닌지를 가늠하는 기준이 될 수는 있습니다.

가로가 5cm이고 세로가 3cm인 직사각형의 넓이가 왜 15인지 모르는 학생은 학년이 올라가면서 수학 공부를 힘들어할 가능성이 매우 높습니다. 초등학교에서 배우는 수학 중 통분의 이유, 최소공배수나 최대공약수를 왜 배우고 어디에 사용하는지를 알고 모르고는 수학 공부를 바르게 하는지 아닌지 기준이 될 수 있습니다. 이 기준으로 중학교나 고등학교 수학 공부를 잘할지 아닐지 미리 가늠할 수 있습니다.

중학교 수학 문제는 초등학교 수학 문제와 비교하여 복잡합니다. 물론 고등학교 수학 문제는 중학교 수학 문제보다 훨씬 복잡합니다. 중학교 수학 문제를 해결하는 방식을 보면 고등학교 수학 공부하는 모습을 미리 그려볼 수 있습니다. 다음은 중학교 3학년 교과서에 있는 문제입니다. 중학교 3학년 때 고등학교 공부 모습을 미리 보고 본인의 공부 방법을 교정한다면 다가오는 3년의 수학 공부가 달라질 수 있습니다.

다음에 설명된 학생의 여러 타입 중 본인이 어느 타입인지 알아보세요.

꼭짓점의 개수가 x인 다각형의 대각선의 총 개수가 y일 때, y를 x에 대한 식으로 나타내고 y가 x에 대한 이차함수인지 판별하여라.

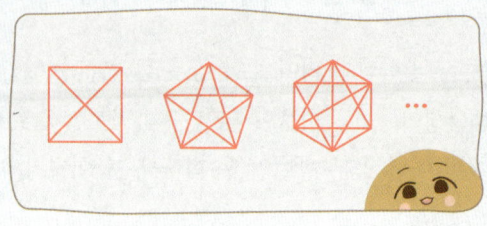

학생	성적	성적 향상 가능성	해결책
꼭짓점의 개수가 x인 다각형이 무엇인지 모르는 학생.	최하위권	책 읽기가 안되는 학생으로 하위권을 벗어날 가능성이 희박합니다.	초등학교 수학부터 시작하여 단계를 밟아서 중학교 수학 공부를 쫓아가야 합니다. 의지가 있어야 가능합니다.
중학교 1학년 때 배운 꼭짓점의 개수가 x인 다각형의 대각선의 총 개수를 구하는 공식을 생각해 내지 못하여 문제를 풀지 못하는 학생 중, 중학교 1학년 교과서에 있는 공식을 찾아내어 문제를 푸는 학생.	하위권	문제를 풀고 일정 기간이 지나면 공식을 또다시 잊기 쉽습니다. 이 공식뿐만 아니라 다른 공식도 공부할 때는 기억했다가 시간이 지나면서 잊을 가능성이 높습니다. 이런 학생은 고등학생이 되면 수학 공부한 내용을 체계적으로 알고 있지 못하여 공부 부담이 매우 커지고, 수학 공부를 포기할 가능성이 높습니다.	내용의 이해가 필수이고, 공식을 기억해야합니다. 수학 공부를 꾸준히 하는 것이 필요합니다.
중학교 1학년 때 배운 꼭짓점의 개수가 x인 다각형의 대각선의 총 개수를 구하는 공식을 생각해 내지 못하여 문제를 풀지 못하는 학생 중 중학교 1학년 책을 찾아서 대각선 수를 구하는 방법을 스스로 알아내어 공식을 이해하고, 이해한 공식으로 이 문제를 해결하는 학생.	중하위권	이 학생은 노력에 따라서 중위권부터 중상위권 성적이 가능합니다.	얼마나 노력하는지 실천이 관건인 학생입니다.

중학교 1학년 때 배운 꼭짓점의 개수가 x인 다각형의 대각선의 총 개수를 구하는 공식을 생각해 내지 못하여 문제를 풀지 못하는 학생 중 다각형을 그려서 대각선의 총 개수를 구하는 공식을 스스로 찾아내어 문제를 해결하는 학생.	중위권 · 중상위권	노력에 따라서 상위권이 가능한 학생. 스스로 공식을 찾아내는 습관이 있다면 학습 능력은 발달하기 때문에 꾸준히 노력한다면 고등학교 수학을 이해하는 데 어려움을 겪지 않을 수 있습니다. 하지만 공식을 기억하고 있지 못하다는 것은 수학 공부하는 노력에 진심이 아닐 가능성이 있습니다. 이 경우 능력과 비교하여 성적이 좋지 않을 수 있습니다.	노력이 관건일 수 있습니다.
꼭짓점의 개수가 x인 다각형의 대각선의 총 개수를 구하는 공식은 기억하고 있지만 공식을 어떻게 얻었는지 모르는 학생.	중하위권 · 중위권 · 중상위권	뇌의 외우는 용량 한계와 노력에 따라서 고3까지 현재 성적이 유지될 수 있습니다. 반대로 외워야 하는 내용과 공식의 양이 외울 수 있는 용량을 초과하면서부터 수학 공부가 힘들어질 가능성이 매우 높습니다. 같은 원리로 얻어지는 다른 경우의 공식도 따로 외워야 하는 부담을 안고 공부합니다. 예를 들어 x명이 서로 한 번씩 모두 악수하는 총 경우의 수를 구하는 공식을 다각형의 대각선의 총 개수를 구하는 공식과 별개로 외워야 하는 부담이 있습니다. 같은 원리로 얻어지는 여러 공식을 따로 외우는 부담을 안고 있습니다.	수학 공부에 아주 많은 시간과 노력을 투자하는 비효율적 공부로 성적을 유지할 가능성이 높습니다. 원리를 이해하는 습관이 필요합니다.

꼭짓점의 개수가 x인 다각형의 대각선의 총 개수를 구하는 공식을 기억하고 있고, 어떻게 얻었는지까지 알고 있는 학생.	중상위권 또는 상위권	원리와 결과를 모두 아는 학생은 수학 공부 부담이 비교적 적은 학생입니다.	개념을 이해하고 있는 정도에 따라서 상위권 이상이 가능합니다.
꼭짓점의 개수가 x인 다각형의 대각선의 총 개수를 구하는 공식은 기억하고 있지만 이차함수가 무엇인지 모르는 학생.	중상위권 또는 상위권	이차함수의 뜻을 모른 채 대각선 수 공식만으로 문제를 해결하는 태도를 가진 학생은 고등학교 수학 공부는 중학교 수학과 달리 힘들 수 있습니다.	저학년 내용 복습이 성적에 도움됩니다.
꼭짓점의 개수가 x인 다각형의 대각선의 총 개수를 구하는 공식을 기억하고 있고, 이차함수가 무엇인지 아는 학생 중 함수를 설명하지 못하는 학생.	상위권	고등학교 수학 문제 중 개념을 알아야만 풀 수 있는 문제 중 풀지 못하는 문제가 있습니다. 그러나 학생이 개념을 몰라서 문제를 풀지 못한다는 사실을 알기가 어려워 최상위권이 아닌 상위권 성적까지 가능합니다.	개념 공부를 좀 더 밀도 높게 해야 합니다.
꼭짓점의 개수가 x인 다각형의 대각선의 총 개수를 구하는 공식을 기억하고 이차함수뿐만 아니라 함수의 뜻을 설명할 수 있는 학생.	상위권 또는 최상위권	현재대로 노력하면 최상위권.	노력에 따라서 최상위권 성적이 가능합니다.

제 **1** 장

수학 상위권과 하위권 학생의 차이점

제1장 수학 상위권과 하위권 학생의 차이점

대학 입시에서 좋은 결과를 얻으려면 고등학교 3학년 때까지 수학을 잘해야 합니다. 그러나 현실은 바람과 다릅니다. 초등학교나 중학교 때 수학을 잘하던 학생들도 고등학교에 올라가면서 어려움을 겪는 경우가 많습니다. 수학은 내용이 차곡차곡 쌓이는 과목이기 때문에, 계단을 올라가듯 내용을 단계적으로 공부하고 체계적으로 저장하고 활용해야 무리 없이 따라갈 수 있습니다. 만약 초등학교 때는 수학이 쉬웠는데 중학교나 고등학교에 와서 어렵게 느껴진다면, 지금까지의 공부 방법을 점검하고 개선하여야 합니다.

그렇다면 고등학교에서도 수학을 잘하려면 어떻게 공부해야 할까요? 이를 알아보기 위해 성적이 우수한 학생들과 그렇지 않은 학생들의 학습 방법에는 어떤 차이가 있는지 살펴보겠습니다.

1. 현재 상황을 파악하고 지낸다.

어디까지 공부했는지 늘 알고 있다.

자신을 제대로 알지 못하면 발전할 수 없습니다. 학년이 올라갈수록 수학을 더 잘하는 학생들은 자신의 현재 학습 상황을 정확히 파악하고 있다는 공통점이 있습니다. 이들은 수학책을 펼치지 않아도 자신이 어느 단원의 어디까지 공부했는지 알고 있으며, 오늘과 내일 어떤 내용을 학습해야 할지도 명확히 인식하고 있습니다.

좋은 성적을 유지하는 학생들은 오늘 공부하는 내용을 이전에 공부한 내용의 연장선으로 인식합니다. 반면, 성적이 좋지 않은 학생들에게 "오늘 수학 공부를 어디서부터 시작할 차례인가?"라고 물어보면 쉽게 대답하지 못하는 경우가 많습니다. 지난번에 어디까지 공부했는지를 기억하지 못하고, 다시 책을 펼쳐서 봐야만 오늘 학습할 부분을 알게 되죠. 이러한 차이는 상위권 학생들이 늘 자신이 어디까지 공부했고, 무엇이 부족하며, 무엇부터 학습해야 하는지를 정확히 알고 있는 것과 명확하게 대비됩니다.

이해하지 못한 것을 염두에 두고 지낸다.

그보다 더 중요한 차이가 있습니다. 하위권 학생들은 자신이 내용을 제대로 아는지 모르는지를 분명하게 구별하지 못합니다. 개념과 공식을 충분히 이해하지 않은 채 단순히 암기하고, 이를 아는 것이라 착각하는 경우가 많습니다.

수학을 잘하는 학생들은 완전히 이해하지 못한 개념이나 공식, 해결하지 못한 문제를 항상 염두에 두고 지냅니다. 스스로 공부하며 해결하기도 하고, 필요하면 다른 사람에게 물어서 답을 찾습니다. 그래서 "질문하세요!"라는 말을 들었을 때, 실제로 공부하는 학생들만 질문하죠.

공부하는 학생에게는 늘 질문이 있다.

    이런 차이는 학습 태도에서도 나타납니다. 내용 자체를 알기 위해 공부하는 학생이 있고, 단순히 성적을 올리기 위해 공부하는 학생이 있습니다. 상위권 학생들은 수학 내용을 알기 위해서 공부하기 때문에 항상 궁금한 점이 있습니다. 그들에게 질문할 내용이 있다는 것은 해결하지 못한 내용이 있다는 뜻입니다.

    반면, 질문이 없는 학생은 실제로 공부하고 있는 것이 아닙니다. 그들은 공부가 아닌 시험 준비만 하는 학생입니다. 시험 준비만 하는 학생은 현재 본인에게 필요한 것이 무엇인지 모릅니다. 그래서 내용을 이해하지 않은 채 문제만 많이 풀려고 합니다.

2. 공부 습관도 다르다.

    고등학생이 되어서도 수학을 잘하는 학생들에게는 어떤 공통점이 있을까요? 초등학생 때 늘 만점에 가까운 성적을 받던 학생 중 상당수가 고등학교에 올라가면서 50점조차 넘기기 어려워합니다. 반면, 초등학교나 중학교 때는 평범한 성적을 받다가 고등학생이 되어 두각을 나타내는 학생들도 있습니다. 이러한 학생들은 대체로 수학을 잘하고자 하는 강한 의지가 있습니다. 물론 의지만으로 좋은 성적을 거둘 수 있는 것은 아닙니다.

학년이 올라갈수록 성적이 점점 향상되는 학생들은 수학 공부를 시작하려고 앉았을 때, 마지막에 공부한 내용을 떠올리는 습관이 있습니다. 만약 기억이 흐릿하면 해당 부분을 다시 읽어보거나 아예 단원 처음부터 복습한 후에 새로운 공부를 시작합니다. 최상위권 학생들은 단원의 시작 부분부터 오늘 학습할 범위까지의 내용을 머릿속에서 자연스럽게 떠올려 가면서 정리한 후 공부를 이어갑니다. 반면에 하위권 학생은 오늘 공부한 내용과 지난번에 공부했던 내용의 연결을 제대로 하지 않습니다.

운동을 시작하기 전에 준비 운동부터 합니다. 수학 공부도 마찬가지입니다. 한 단원의 공부를 시작하기 전에 준비 학습부터 해야 합니다. 교과서 단원의 도입 부분에 그 단원 공부에 필요한 내용이 나열되어 있습니다. 이전 학년에서 배운 내용 중 새로 시작하는 단원에 필요한 내용입니다. 하위권 학생은 이 내용과 새로 공부할 단원의 정의, 그 정의에 이어서 공부할 성질, 정리, 공식 등을 서로 연결하지 않습니다.

하위권 학생이 수학 공부를 시작할 때 지난번에 공부한 내용을 이야기해 보라고 하면 답을 하지 못합니다. 이렇게 수업을 이어가면 새로운 단원을 시작한지 3차시만 되어도 진도 나간 내용이 뒤죽박죽되고 학생은 혼란스러워합니다. 이런 특징은 하위권을 벗어나지 못하는 학생에게서 나타나는 특징입니다. 이에 대한 해결책은 단원 정리에서 설명하겠습니다.

3. 외운 내용과 아는 내용을 구별한다.

내용을 외운다는 것과 이해한다는 것의 차이는 무엇인가?

중학교 1학년 때 배우는 다각형의 대각선 개수 구하기입니다.

4 이상인 자연수 n에 대하여 n각형의 대각선 개수를 구하는 식은

$$\frac{n(n-3)}{2}$$

입니다. 이 식이 왜 이렇게 나오는지 모르고 식 $\frac{n(n-3)}{2}$을 기억하면 외운 것입니다. 식을 외워서 수학 공부를 하는 학생은 문제 풀 때도 이 식의 n에 자연수를 대입하여 대각선 개수를 구하고는 공부했다고 생각합니다.

이제 이 식이 어떻게 나왔는지 이유를 살펴보겠습니다.

문제

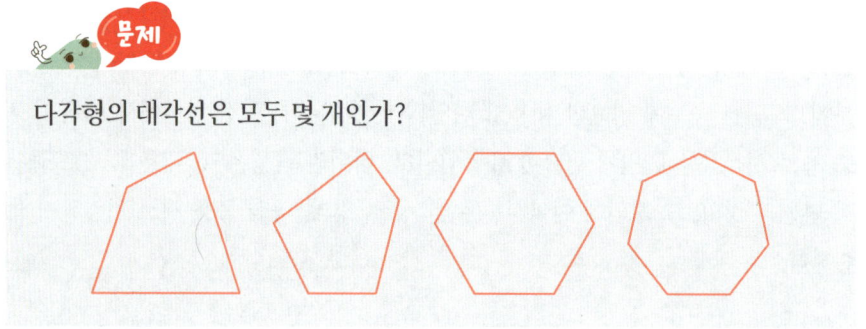

다각형의 대각선은 모두 몇 개인가?

다각형의 한 꼭짓점에서 그을 수 있는 대각선 개수를 표로 나타내면 다음과 같습니다.

다각형	사각형	오각형	육각형	칠각형
꼭짓점의 개수	4	5	6	7
한 꼭짓점에서 그을 수 있는 대각선 있는 대각선 개수	1	2	3	4

예를 들어 십오각형의 한 꼭짓점에서 그을 수 있는 대각선 개수는 몇 개일까요? 십오각형의 꼭짓점 수는 15개이고, 한 꼭짓점에서 자기 자신 1개와 이웃하는 2개의 꼭짓점으로는 대각선을 그을 수 없습니다. 따라서 꼭짓점 15개 중 자신과 이웃한 두 점인 3개를 제외한 (15−3)=12(개)의 꼭짓점으로 대각선을 그을 수 있습니다. 모든 꼭짓점에서 그을 수 있는 대각선을 모두 그리면 15×(15−3)=180(번) 그리게 됩니다. 그런데 이렇게 그려보면 두 꼭짓점 사이에 대각선이 모두 두 번씩 중복됩니다. 따라서 십오각형의 대각선 개수

는

$$\frac{15 \times (15-3)}{2} = 90$$

입니다. 따라서 4 이상인 자연수 n에 대하여, n각형의 대각선 개수를 구하는 식은

$$\frac{n(n-3)}{2}$$

입니다.

대각선 개수를 구하는 식 $\frac{n(n-3)}{2}$을 이해 없이 외운 학생과 이해한 학생의 차이를 알아보기 위하여 간단한 문제를 살펴보겠습니다.

15명이 서로 한 번씩 악수할 때 악수한 전체 횟수를 구하여라.

이 문제를 풀 때 다각형의 대각선의 개수를 구하는 식이 어떻게 얻어졌는지 아는 학생은 악수 문제도 어려움 없이 풀 수 있습니다. 한 사람이 악수할 수 있는 사람은 자신을 제외한 모든 사람이기에 사람 수보다 하나 적습니다. 나머지 원리는 모두 같고요. 따라서 n명이 악수하는 전체 횟수는 $\frac{n(n-1)}{2}$라는 것을 어렵지 않게 알아낼 수 있습니다. 악수하는 경우의 수와 다각형의 대각선의 개수를 세는 원리는 같기 때문입니다. 그러나 다각형의 대각선의 개수를 구하는 식을 이해 없이 외운 학생에게 악수에 관한 문제는 풀 수 있는 단서조차 찾을 수 없을 것입니다. 응용문제 하나 더 살펴보겠습니다.

반원의 둘레와 지름에 10개의 점이 그림과 같이 있다. 이들 중 세 점을 연결하여 만들 수 있는 삼각형의 개수를 구하여라.

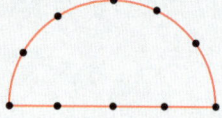

다각형의 대각선 수를 구하는 공식을 이해 없이 외워서 문제를 푸는 학생에게는 고등학교 1학년 문제인 이런 문제를 풀 때 어려움을 겪는 것은 당연합니다. 이 문제를 푸는 공식은 없기 때문이다. 반대로 스스로 따져가며 공식을 알아내는 학생은 이런 문제가 어려울 리 없습니다. 원리가 같기 때문입니다.

상위권 학생은 내용을 이해하고 하위권 학생은 내용을 외운다.

그냥 외우는 것과 이해하고 기억하는 것의 차이를 살펴보겠습니다. 학생 A와 B는 다가오는 학교 축제에 관한 이야기를 나누고 있습니다. 학생 A가 학생 B에게 이번 축제에서 맡은 역할에 관해 설명합니다. 이야기를 듣던 학생 B가 '이해됐어'라고 합니다. 자신이 축제에서 할 일이 무엇인지 정확하게 파악이 된 것입니다. 학생 B는 축제에서 자기 역할을 완벽하게 수행합니다.

학생 A가 학생 C에게 이번 축제에서 학생 C가 해야 하는 역할을 설명합니다. 학생 C는 원래 축제에 관심이 없습니다. 학생 C는 학생 A의 설명이 이해가 가지 않아서 다시 설명해 달라고 하였습니다. 설명을 다시 들어도 자신의 역할에 확신이 서지 않은 학생 C가 학생 A에게 '들은 대로 하기만 하면 되는 거지'라고 반문합니다. 학생 C는 축제가 어떻게 진행되는지 모릅니다. 그래서 자신이 축제에서 맡은 일을 들은 대로 종이에 메모하고 반복하여 완벽하게 외웠습니다. 그리고 축제 때 외운 그대로 하려고 하였습니다.

축제에서 학생 C가 자기가 맡은 일을 해야 할 순간을 알지 못하여 자신의 역할을 수행하는 것이 한 박자 늦었습니다. 자신의 역할을 외웠지만 축제에서 자신이 역할을 해야 하는 상황을 알지 못해서 일어난 일입니다.

상위권 학생과 하위권 학생의 차이도 마찬가지입니다. 자기 역할에 대한 설명을 듣고 상위권 학생은 자신이 완전하게 이해한 시점을 압니다. 따라서 자기 역할도 충실히 해냅니다. 반면에 하위권 학생은 자신의 역할을 외우면 가능하다고 생각합니다.

그뿐만이 아닙니다. 축제가 진행되던 중 돌발상황이 발생하면 축제가 어떻게 진행되는 지와 자신의 역할을 이해한 사람은 어떻게 대처해야 할지 쉽게 생각해 냅니다. 반면에 자신의 역할에 대한 이해 없이 무작정 외우기만 한 친구는 돌발상황이 발생하면 어떻게 대처해야 하는지 모릅니다. 수학 공부도 마찬가지입니다. 수학 공부를 외워서 하는 학생은 자신이 풀어 본 문제 이외에 새로운 응용문제가 등장하면 해결의 단서를 찾지 못합니다.

4. 폭넓고 깊게 공부한다.

상위권 학생과 하위권 학생은 한 단원을 공부할 때 내용 이해의 폭과 깊이에서 차이가 납니다. 하위권 학생은 문제 풀이에 필요한 공식 위주로 외우고 문제 풀기를 많이 합니다. 반면에 상위권 학생들은 단원 시작 부분에 등장하는 개념의 탄생 배경부터 공부합니다.

학생이 내용에 대한 공부하고 마치고 난 후에야 문제를 풀기 시작합니다. 이 시점에 공부한 단원의 내용을 설명하여 보라고 하면 상위권과 하위권 학생의 대답은 큰 차이를 보입니다. 상위권 학생은 단원의 배경이 되는 이전 학년에서 공부한 내용부터 시작하여 정의, 성질, 정리, 공식과 이들의 활용까지 하나의 이야기처럼 줄줄이 설명합니다. 내용 설명을 조리 있게 순서대로 전개합니다. 게다가 필요하면 구체적인 예까지 곁들입니다.

반면에 하위권 학생 중 일부는 전혀 이야기하지 못하기도 합니다. 외운 공식 몇 개를 겨우 말하거나 자신이 공부한 내용을 어떻게 설명해야 할지 몰라서 주저합니다. 설명의 순서가 뒤죽박죽이어서 알아 듣기 어렵기도 합니다. 하위권 학생들은 공부한 내용을 설명하라는 질문에 대답을 시도하다가 "저 다시 공부해야겠습니다." 라고 하기도 합니다. 문제를 풀 준비가 제대로 되지 않은 채 문제를 풀기 시작하는 것이 하위권 학생의 특징 중 하나입니다.

정의(개념)를 공부할 때 상위권 학생이 하위권 학생보다 더 긴 시간을 투자합니다. 하위권 학생은 정의를 가볍게 읽고 넘기는 반면 상위권 학생은 개념 하나하나 꼼꼼히 따져가며 이해합니다. 공식 공부도 상위권 학생은 손으로 하고 하위권 학생은 눈으로 합니다.

5. 문제 해결하는 태도 차이

하위권 학생들은 풀리는 문제만 풉니다. 하위권 학생은 자신이 풀 수 있는 문제들만 풀고, 약간 어렵다고 생각되는 문제는 쉽게 포기합니다. 조금 어려워 도전해 볼 만한 문제임에도 해설을 보고 풀이 방법을 익힙니다. 이렇게 해서는 실력이 좋아지지 않습니다. 풀 수 없는 문제를 스스로 풀 수 있게 되어야 실력이 향상됩니다. 이를 고치지 않으면 하위권을 영원히 벗어날 수 없습니다.

하위권은 풀리는 문제만 풀고 상위권은 풀리지 않는 문제를 풀어냅니다. 풀지 못하는 문제가 있다는 것을 스스로 용납하지 못하는 학생이 상위권 학생입니다.

반면에 상위권 학생은 풀리지 않는 문제를 어떻게든 스스로 풀어냅니다. 문제가 풀리지 않으면 끝까지 붙들고 고민하며 풀지 못하는 이유를 찾아내고 이를 보완하고 다시 풀어 봅니다. 해설지의 풀이 방법에 의존하지 않고 자신이 해결하려는 마음가짐이 하위권 학생들과 보이는 결정적인 차이점입니다. 상위권 학생은 자신이 해결하지 못하는 문제가 있다는 것을 스스로 용납하지 않습니다.

풀리지 않는 문제를 대하는 태도에 상위권과 하위권의 또 다른점이 있습니다. 하위권 학생들은 풀지 못하는 문제를 모아 놓습니다. 반면에 상위권 학생은 풀지 못하는 문제를 그 자리에서 해결합니다. 절대 나중으로 미루지 않습니다.

문제 풀이 과정에서도 차이가 있는데 상위권 학생의 문제 풀이 과정은 누가 읽어도 어떻게 답을 찾았는지 한 눈에 알아볼 수 있도록 깔끔하게 써내려 가는 습관이 있습니다. 반면에 하위권 학생의 문제 풀이를 보면 문제 주변 여기저기에 적어 놓은 계산의 흔적들을 볼 수 있지만 어떤 과정을 거쳐 답을 찾았는지 알아보기 어렵습니다.

6. 학습 능력의 발달

고등학생 때 수학 공부를 잘하는 학생은 학년이 올라가면서 학습 능력이 발달하는 특징을 보입니다. 수학 공부를 잘하려면 여러 가지 능력이 골고루 필요합니다. 초등학생 때 수학을 잘하다가 중학생이 되어 수학 공부를 어려워하는 학생은 숫자의 계산 능력은 좋은데 숫자의 계산 능력이 문자의 계산 능력으로 이어지지 못하는 경우가 많습니다.

중학교 수학 성적은 좋은데 고등학교 수학을 어려워하는 학생은 암기력은 좋은데 내용을 이해하는 능력이 발전하지 못한 경우가 많습니다. 상위권과 하위권 학생은 계산력, 이해력, 암기력, 추론 능력, 문제 해결 능력 등 모든 면에서 차이가 납니다.

학습 능력의 발달은 공부 방법과 밀접한 관계가 있습니다. 잘못된 방법으로 수학을 공부하면 능력은 제자리에 머물고 흥미 또한 줄어듭니다. 수학 공부를 잘하려면 내용을 아는지 모르는지만 중요한 것이 아니라 학습 능력이 발달하도록 공부하여야 합니다. 학습 능력이 발달하려면 어떻게 공부해야 하는지는 '제2장의 공부 능력 키우기'에서 자세히 설명하겠습니다.

7. 문과 체질 학생도 수학 성적을 잘 받는 비결

상위권 학생은 문제 풀이에 필요한 정보를 잘 저장합니다.

언어 영역 공부를 잘하면서 수학 영역에 약한 학생을 문과 체질이라고 합니다. 외국어 고등학교 학생 중 문과 체질인 학생이 많습니다. 흔히 문과 체질 학생은 수학 공부를 힘들어한다고 합니다. 그러나 문과 체질도 좋은 수학 성적을 내는 학생이 얼마든지 있습니다. 문과 체질 학생 중 수학 성적이 높은 학생의 공통점은 문제 해결에 필요한 정보가 무엇인지 잘 잡아내어 뇌에 저장하고 활용을 잘합니다.

언어 영역에 강점이 있고 수리 영역에 약한 학생들은 교과서를 읽을 때 개념과 원리보다는 공식을 어떻게 문제 풀이에 적용할지에 더 관심을 기울입니다. 공식 등 결과 위주로 내용을 기억하는 경향이 강합니다. 과학고 학생처럼 수리 영역에 강점이 있는 학생들은 개념을 이용하여 스스로 생각하여 문제를 풀려고 하는 데 반하여, 언어 영역에 강점이 있는 학생들은 교과서나 문제집의 풀이법을 참고하여 문제를 푸는 경우가 많습니다.

언어 영역에 강점이 있는 학생 중에서도 수학 성적이 우수한 학생들은 문제에서 필요한 공식을 빠르게 찾아내고, 유형별 풀이법을 잘 기억하여 문제 해결 속도를 높입니다. 이는 수학을 깊이 이해하려 하기보다는 시험 성적을 높이기 위한 효율적인 공부 습관입니다.

내용의 이해보다는 문제 풀이 방법을 유형별로 외우는 것은 부담이 가는 공부 법이긴 합니다. 학년이 올라가면서 기하급수적으로 늘어나는 수학 문제 유형을 기억

용량이 따라가지 못하면 수학 공부는 점점 힘들어지고 성적도 떨어집니다. 또 처음 보는 유형의 문제를 풀면서 어려움을 겪기도 합니다. 이 경우는 수리 영역에 강점이 있는 학생의 공부법을 참고하면 해결책을 찾을 수 있습니다.

수리 영역에 강점이 있는 학생들은 새로운 개념을 배우고 어려운 문제에 도전하는 것을 좋아하지만, 반복 학습을 지루해하는 경향이 있어 실력에 비해 시험 성적이 아쉬운 경우가 종종 있습니다. 따라서 수리 영역에 강점이 있는 학생들은 언어 영역에 강점이 있는 학생들의 문제 풀이 기술을 참고하길 추천합니다. 언어 영역에 강점이 있는 학생들은 수리 영역에 강점이 있는 학생들처럼 개념을 깊이 공부하는 습관을 들이면 수학 학습의 효율을 더욱 높일 수 있습니다.

8. 의지의 차이

상위권 학생과 하위권 학생의 차이 중 가장 중요한 것은 의지입니다. 하위권 학생은 공부하다가 어려운 문제를 마주하면 쉽게 포기합니다. 반면에 상위권 학생은 문제가 풀릴 때까지 시도하며 결국에 풀어내고야 맙니다. 그래서 상위권 학생은 어려운 문제를 풀 때마다 한 단계 더 발전합니다.

생각의 유연성도 차이가 있습니다. 공부의 어려움이든, 풀리지 않는 문제든 이를 해결하려고 할 때 상위권 학생은 다양한 시도를 합니다. 예를 들어 풀리지 않는 문제를 만나면 상위권 학생은 고민 끝에 개념 공부를 다시 하거나, 주변 사람에게 조언을 구하거나 해결 방법을 찾을 때까지 해결하지 못한 문제를 기억하고 어떠한 방법으로든지 다양한 접근을 시도합니다. 그러나 하위권 학생은 다양한 시도없이 매번 오로지 해설을 의지하여 문제를 해결하려 합니다.

9. 수학이 제일 쉬운 과목인 이유, 어려운 과목인 이유

(1) 수학 과목이 제일 쉬운 이유

초등학교부터 고등학교까지 배우는 수학의 주제는 고정되어 있습니다. 단원별로 알아야 하는 내용도 한정되어 있으며 교과서나 문제집의 단원 시작 부분에 그 단원에서 알아야 할 내용 전체가 무엇인지 언급되어 있습니다. 세어보면 각 단원에서 새로 등장하는 용어는 몇 개 안 됩니다. 그것만 제대로 알면 풀지 못할 문제가 없습니다. 수학 과목은 몇 개 안 되는 용어의 개념만 제대로 공부하면 되는 쉬운 과목입니다.

200년 전의 미적분과 오늘날의 미적분은 바뀐 내용이 전혀 없습니다. 현재 중학교 2학년 때 배우는 피타고라스 정리는 약 2,600년 전에 식을 알아내고 증명까지 한 내용입니다. 2,600년 동안 피타고라스 정리는 조금도 변함이 없었습니다. 그 옛날 알아낸 피타고라스 정리가 지금 어렵다고 한다면 내용이 어려워서가 아니라 공부 방법이 잘못된 것입니다. 수학은 문학이나 역사처럼 시대 흐름에 따라서 제시문이나 설명이 바뀌지 않습니다. 공부만 제대로 한다면 수학은 정복하지 못할 이유가 없습니다.

수학은 맞고 틀림의 기준이 누구에게나 똑같죠. 어떤 문제든 누구에게나 정답이 똑같습니다. 문제를 풀지 못하거나 틀리면 자신이 뭔가 잘못했다는 신호죠. 문제를 틀리면 자신이 뭘 잘못하고 있는지 찾아내고, 개선해야 합니다. 이러한 신호에 적절히 대응하여 바르게 공부하면 모든 문제가 해결되는 과목이 수학입니다.

수학 문제와 다른 과목 문제를 AI에게 질문하면 제일 정확하게 답하는 문제가 수학을 비롯한 과학 문제입니다. 초기 단계인 AI도 수학이 쉬운 것을 보면 수학은 분명 쉬운 과목입니다.

수학은 공부해야 하는 대상(내용)이 한정되어 있고 변하지도 않으며 누구에게나 똑같은 기준으로 맞고 틀림이 정해지는 과목이죠. 바르게 공부하면 제일 쉬운 과목이 수학입니다.

(2) 수학이 어려운 이유

수학은 내용이 단계적으로 구성되어 있습니다. 초등학교 수학을 모르면서 중학교 수학을 공부할 수는 없습니다. 중학교 3학년 때 배우는 인수분해를 공부하려면 중2 때까지 배운 수학을 알고 있어야 하는데 학생의 현실은 초등학생 때 배운 개념조차 제대로 알지 못하고 있습니다. 바로 이런 점이 수학이 어렵다고 느껴지는 이유입니다.

인수분해를 쉽게 공부하기 위해서는 소인수분해를 잘 알고 있어야 합니다. 소인수분해를 잘 알려면 소수와 합성수뿐만 아니라 약수의 개념을 알아야 하죠. 그런데 학생의 현실은 약수의 개념만 정확히 알지 못하는 게 아니라 곱셈의 뜻조차 모르고 있습니다. 실제로 학생에게 곱셈의 뜻을 질문하여 보면 바르게 대답하는 학생은 많지 않습니다.

수학에는 알아야 하는 용어가 몇 개 안된다고 했지만, 그렇다고 수학 용어 하나의 개념이 그렇게 단순하지 않습니다. 하나의 용어는 다른 용어와 여러 갈래로 체인처럼 연결되어 있습니다. 체인의 연결 고리 중 하나만 끊어져도 체인이 제 역할을 하지 못하죠. 하나의 개념에서 그와 연결된 여러 개념을 모두 이해해야 합니다. 하나의 개념 속에 작은 개념들이 복합적으로 구성되어 있기 때문에 수학 공부가 어렵습니다.

수학 공부는 이해력이 필수입니다. 수학 과목의 새로운 단원 공부를 시작할 때 내용의 이해가 어렵다는 학생이 많습니다. 이는 이전 학년에서 배운 수학 지식의 부족만의 문제가 아니죠. 이전 학년에서 발달해야 하는 뇌 발달이 안되어서 현재 학년 공부가 어렵습니다. 새로운 개념을 공부할 때 따져보고 이해하고 문제를 풀어

보며 활용하면서 익히면 뇌가 활동하며 발달하고, 배우고 있는 개념에 익숙해집니다. 그런데 이해 없이 단순히 외우고 지나치면 이런 뇌 활동이 일어나지 않습니다. 각 학년에서 공부할 때 뇌가 활성화되어 이루어져야 할 뇌 발달이 안되면 다음 학년을 공부 할 능력에 도달하지 못합니다. 초등학교의 진도에 맞게 단계적으로 구성되어 있는 수학을 공부할 때 발달 되어야 할 뇌가 발달하지 않으면 중학교 수학을 이해하는데 어려움이 생깁니다.

수학 공부를 고등학교까지 잘하려면 지식과 능력 두 가지를 모두 고려해야 합니다. 중학교까지의 수학 지식(내용)을 잘 알고 있어야 하며, 또 고등학교 수학을 쉽게 공부하려면 학습 능력(이해력, 기억력, 문제 해결력, 판단력, 단원 정리 능력, 창의력, 추론 능력, 계산력, …)이 중학생 때 매 학년 발달하여 고등학교 수학 공부를 무리없이 할 수 있는 수준에 도달하여야 합니다. 이런 점이 수학 과목을 어렵게 만드는 이유입니다.

제2장

대학입시에 성공하는 수학공부조건

제2장
대학 입시에 성공하는 수학 공부 조건

수학 공부를 잘하려면 수학 내용을 잘 알아야 합니다. 그러기 위해서는 내용을 쉽게 이해해야 합니다. 즉 수학 공부를 잘하려면 수학 지식과 학습 능력 두 축이 조화를 이루어야 합니다.

1. 수학 지식 쌓기

수학은 공부한 내용을 바탕으로 새로운 지식을 쌓고, 새로이 쌓은 지식은 다음에 공부하는 내용의 기초가 됩니다.

수학 공부를 잘하려면 배운 내용을 잘 이해하고 기억하여 지식을 차곡차곡 쌓고, 새로운 내용을 쉽게 습득할 수 있는 능력을 갖추고 있어야 합니다. 수학 지식을 쌓으려면, 먼저 우리가 배우는 수학 내용이 무엇인지를 잘 알아야 합니다. 다시 말해서 수학에서 정의(개념), 성질, 정리, 공식 등이 한 단원 속에서 어떤 위치에서 어떤 역할을 하는지 이해해야 합니다. 이를 위해서 수학의 각 단원이 어떻게 시작되고 전개되며, 어떻게 결론을 맺는지 단원의 구성을 알아보겠습니다.

(1) 단원의 체계를 알면 수학 공부가 달라진다.

수학의 각 단원은 체계적으로 구성되어 있습니다. 새로운 단원의 공부를 시작하기 전에 배경지식을 쌓는 준비학습이 필요합니다. 단원은 보통 다음과 같은 순서로 전개됩니다.

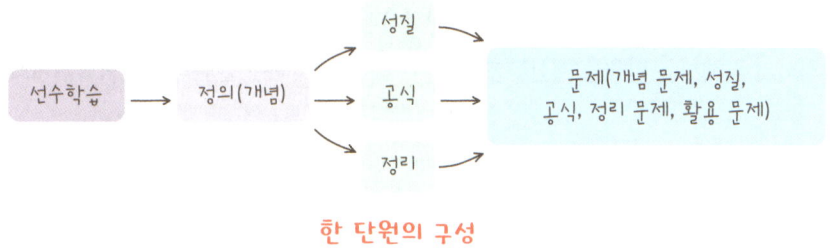

한 단원의 구성

선수학습

새로운 단원을 공부할 때 필요한 배경지식은 주로 이전 학년에서 배운 내용들인데 이를 선수학습이라고 합니다. 교과서의 각 단원을 보면, 시작하는 페이지의 앞 페이지에 한 페이지나 두 페이지에 걸쳐서 '준비학습'이라는 선수학습이 있습니다. 이번 단원 공부에 필요한 내용이 간단한 설명과 문제로서 소개됩니다. 이전 학년에서 배운 내용을 점검하는 이 선수학습을 학생 대부분이 무시하고 지나갑니다.

학생들이 쉽게 생각하는 선수학습 내용은 실제로 아주 쉽고 간단합니다. 그런데 학생에게 이 내용을 질문하여 보면 제대로 답하는 학생은 절반에도 못 미칩니다.

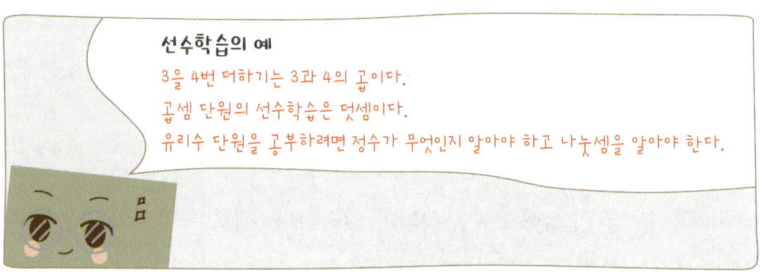

같은 수를 여러 번 더하는 연산을 곱셈으로 정의합니다. 예를 들어 3을 4번 더하는 연산을 $3+3+3+3=3\times 4$로 나타내고 3과 4의 곱이라고 합니다. 따라서 곱셈을 정의하기 위해서는 덧셈을 계산할 줄 알아야 합니다. 덧셈이 곱셈의 선수학습입니다.

정의

선수학습이 단원의 준비라면, 정의는 단원의 시작을 알리는 중요한 부분입니다. 정의는 보통 조건이 있는 정의와 조건이 없는 정의로 나뉩니다. 자연수와 유리수의 정의를 살펴보겠습니다.

자연수 정의 : "1, 2, 3, …을 자연수"라고 합니다.
유리수 정의 : "분모가 0이 아닌 정수이고, 분자가 정수인 분수 꼴로 나타낼 수 있는 수"입니다.

두 정의를 비교해 보면, 자연수와 다르게 유리수는 만족해야 하는 조건이 정의입니다. 또 다른 예를 들어 보면, 평균 변화율을 정의하고, 그 뒤에 미분계수를 공부하는데, 미분계수는 "평균 변화율의 극한값이 존재할 때"라는 조건이 있는 정의입니다.

한 단원의 모든 내용은 정의로부터 파생됩니다. 특히 조건이 있는 정의는 단순한 암기의 대상이 아닙니다. 조건이 있는 정의에서는 조건을 만족하는 예를 모두 따져 보아야 정의를 이해할 수 있습니다. 그렇게 하지 않으면 정의를 정확하게 알지 못하여 이어지는 성질이나 정리 등을 체계적으로 공부할 수 없습니다.

성질

정의를 바탕으로 바로 이어지는 것이 성질입니다. 성질이 무엇인지 알아보겠습니다. 3×4는 3을 4번 더하라는 뜻이므로 3×4는 12입니다. 여기까지가 정의입니다. 그런데 4+4+4=4×3 역시 12입니다. 따라서 두 수 3과 4의 순서를 바꾸어 곱해도 결과는 같습니다. 즉, 3×4=4×3 입니다. 곱셈은 순서를 바꾸어 곱해도 결과가 같다는 성질이 있습니다. 이와 같이 곱셈의 정의로부터 곱셈의 성질을 얻었습니다.

이번에는 성질을 공부할 때 어떤 점에 주목해야 하는지 중학교 도형을 예로 들어 살펴보겠습니다. 아래의 예에 설명한 것처럼 공부하면 풀지 못하는 문제가 없습니다.

평행사변형의 정의는 '두 쌍의 마주 보는 변이 각각 평행한 사각형이다.'입니다.

따라서 평행사변형의 선수학습은 '두 선분의 평행'입니다. 평행사변형의 정의에 이어서 네 가지 평행사변형의 성질을 공부합니다.

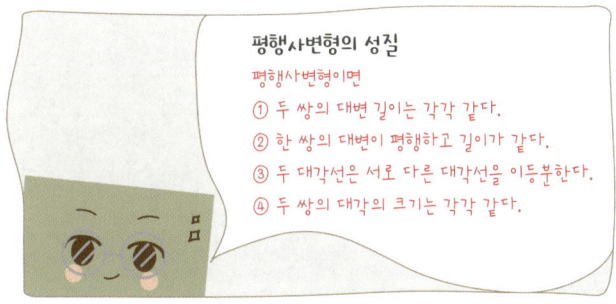

평행사변형의 성질 네 가지는 평행사변형의 특징 네 가지를 정리한 내용입니다. 만일 학생이 평행사변형의 정의를 이용하여 이 네 가지 성질을 각각 증명하면 이 단원의 성질에 관한 모든 문제를 풀 수 있게 됩니다. 예를 들어 평행사변형의 정의(사각형의 두 쌍의 대변이 각각 평행이다.)를 만족하는 사각형은 평행사변형의 성질(두 대각선은 서로 다른 대각선을 이등분한다.)을 만족함을 증명합니다.

네 가지 성질 다음에 평행사변형의 조건 네 가지가 이어집니다. 이 네 가지 조건은 위에 있는 평행사변형의 성질의 역입니다. 조건이라고 하는 것은 이 네 가지 조건 중 어느 한 가지 조건을 만족하는 사각형은 평행사변형이 된다는 의미입니다. 예를 들어 두 대각선이 서로 다른 대각선을 이등분하는 사각형은 두 쌍의 대변이 각각 평행한 사각형입니다. 이 네 조건을 스스로 증명하면 평행사변형의 조건에 관련된 모든 문제를 풀 수 있습니다.

즉 평행사변형 단원의 모든 문제를 스스로 풀 수 있으려면 평행사변형의 정의를 정확하게 알고, 성질 네 가지와 성질의 역인 조건 네 가지를 스스로 증명해 내면 됩니다. 이 아홉 가지만 알면 평행사변형에 관련된 모든 문제를 풀 수 있습니다. 많은 문제를 풀어 보아야 모든 문제를 풀 수 있는 것이 아니라, 정의 성질 등 내용을 스스로 설명할 수 있는 수준으로 이해하여야 합니다.

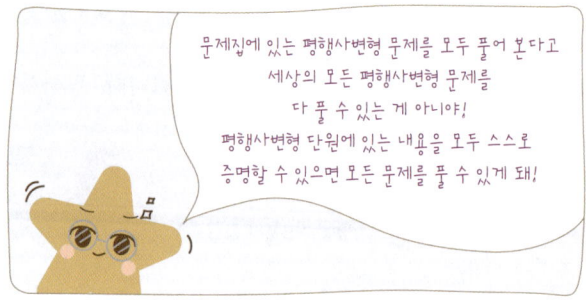

단원에서 정의의 역할

기본 지식(선수학습, 배경지식)을 바탕으로 정의를 내리고, 그 다음에 성질을 공부합니다. 한 단원에서 가장 중요한 부분은 정의입니다. 수학 내용은 단계적으로 전개되므로, 정의를 제대로 이해하지 않으면 그 이후의 성질, 정리, 공식 등을 온전하게 이해할 수 없습니다. 마치 대화에서 개념을 모르면 더 이상 대화가 되지 않는 것처럼, 정의를 모르고 수학을 공부하면 체계적인 이해 없는 단순 암기가 될 수밖에 없습니다.

정의는 간결한 표현이지만 그 안에 깊은 의미가 담겨 있습니다. 예를 들어, 유리수의 정의는 간단하지만, 이로부터 파생되는 수많은 성질이 있습니다. 유리수에 대해 배우는 것은 단순히 정의를 외우는 것이 아니라, 그 정의가 무엇을 의미하는지, 어떤 수들이 유리수인지, 어떤 수가 유리수가 아닌지를 따져보며 이해하는 과정입니다. 정의에 30분을 더 투자하면, 문제를 푸는 데 소요 되는 시간을 크게 단축할 수 있습니다.

정의를 배우고 나면 정의로부터 파생하는 많은 내용이 전개됩니다. 그 내용을 간단히 정리하는 것이 좋습니다. 이를 수학에서는 '정리'라고 합니다. 내용의 이해를 위해 자세한 설명을 하고 나서 결론적으로 핵심을 짧고 간결하게 표현한 것이 정리입니다. 정리를 안다는 것은 짧은 문장을 외우는 것이 아니라, 그 내용을 충분히 이해한 후, 이를 결론적으로 간단하게 정리하여 기억하는 것입니다.

공식

공식은 간단한 계산식을 의미합니다. 예를 들어 이차방정식의 근의 공식을 배우면, 중간 과정을 거치지 않고 바로 공식에 대입하여 근을 간단하게 구할 수 있습니다. 이차방정식 근의 공식만 알면 이차방정식을 모두 풀 수 있는데 왜 이차방정식을 푸는 다양한 방법을 배우고 훈련하는지 궁금할 수 있습니다.

이는 계산기를 가지고 있어도 그 활용 정도가 사람마다 다른 것과 같은 이치입니다. 덧셈과 뺄셈만 할 줄 아는 사람은 계산기로 덧셈과 뺄셈만 할 수 있지만, 이자를 계산할 줄 아는 사람은 계산기를 활용해 이자 계산까지 할 수 있습니다. 이차방정식의 근의 공식만 알고 이차방정식의 다른 풀이법을 모른다면 풀 수 있는 문제가 제한적입니다. 근의 공식만 안다면 이차방정식 활용 문제를 읽고 문제 풀기에 필요한 식조차 찾아내지 못하는 경우가 많습니다. 공식 없이 문제를 풀 수 없다면, 공식을 외워도 문제를 풀 수 없습니다.

문제 풀기

정의, 정리, 성질, 공식을 공부하고 나면, 단원 끝부분에 다양한 문제가 제시됩니다. 문제 풀기는 배운 이론을 실전에서 테스트하는 과정입니다. 문제 풀기는 운동선수가 이론을 배우고 기본 동작 훈련을 거쳐 대회를 앞두고 실전 훈련을 하는 과정과 같습니다. 배운 내용이 정의, 성질, 정리, 공식 등이라면, 문제도 이들에 관한 내용으로 구성됩니다.

풀지 못하는 문제가 있다면 어딘가 내용의 이해가 부족하다는 증거입니다. 내용 이해를 한 단계 더 높이면 한 단계 더 어려운 문제까지 풀 수 있습니다. 그런데 문제가 풀리지 않는다고 해설을 보면 그 한 문제만의 풀이 방법만 알게 되는 것입니다. 풀지 못하는 문제를 만났을 때 내용 이해의 부족한 점을 찾아 보충하는 기회로 삼아 자신의 실력을 높여야 문제 풀기가 의미 있습니다.

단원 구성의 예 : 유리수 단원

중학교 1학년 첫 단원이 유리수 단원입니다. 유리수를 공부하는 모습을 보면 학생이 앞으로 수학 공부를 쉽게 잘할 수 있을지 없을지 알 수 있습니다.

① 유리수의 탄생 배경(선수학습)

1, 2, 3, …을 자연수라고 합니다. 두 자연수의 덧셈은 자연수입니다. 따라서 자연수에서는 덧셈이 가능합니다. 곱셈은 같은 수의 덧셈이므로 두 자연수의 곱셈도 자연수입니다.

그러나 뺄셈은 사정이 다릅니다. 예를 들어 3−7의 결과는 자연수가 아닙니다. 따라서 자연수 범위에서는 뺄셈이 가능하지 않습니다. 이제 자연수를 뺄셈이 가능한 범위로 확장할 필요가 있습니다. 뺄셈까지 할 수 있는 숫자가 정수입니다.

$$\cdots, -4, -3, -2, -1, 0, 1, 2, 3, 4, \cdots$$

를 정수라고 합니다. 두 정수의 덧셈, 곱셈, 뺄셈의 결과는 정수입니다. 그런데 빵 한 개를 둘이 나누어 먹을 때 한 사람이 먹는 빵의 양은 $\frac{1}{2}$로 정수로 표현할 수 없습니다. 나눗셈까지 사칙 연산이 가능한 숫자가 필요합니다. 그래서 등장한 숫자가 유리수입니다.

여기까지가 유리수의 탄생 배경입니다. 유리수의 탄생 배경을 안다고 풀 수 있는 문제가 달라지는 것은 아닙니다. 그러나 유리수가 필요한 이유도 모른다면 유리수를 공부할 의욕이 생기지 않습니다. 탄생 배경을 알면 공부할 맛이 생깁니다.

② 정의

유리수의 탄생 배경에서 유리수 범위에서는 두 정수의 나눗셈이 가능하다고 했습니다. 유리수는 두 정수 $a, b\,(b \neq 0)$에 대하여 항상

$$a \div b = \frac{a}{b}$$

꼴로 표현됩니다. 마치 $2 \div 3 = \frac{2}{3}$인 것처럼요. 그래서 유리수의 정의는

분모와 분자가 모두 정수인 분수 꼴로 표현되는 수 (단, 분모는 0이 아닙니다.)

입니다. 이를 문자를 이용하여 표현하면

$$\frac{a}{b} \ (a, b\text{는 정수이고 } b \neq 0) \text{ 꼴로 표현되는 수를 유리수라고 정의한다.}$$

입니다. 유리수를 안다는 것은 위와 같이 설명할 수 있어야 하고, 문자를 이용해서 표현할 수도 있어야 합니다. 유리수뿐만이 아니라 수학의 모든 용어를 안다는 것도 마찬가지입니다.

유리수의 정의를 어떻게 공부해야 할까요? 먼저 어떤 수가 유리수인지 알아보고 유리수와 익숙해져야 합니다.

당연히 $\frac{1}{2}, \frac{-7}{4}, \frac{2}{5}, \cdots$ 등은 유리수입니다. 그다음으로 자연수나 정수가 유리수인지 알아봅니다. 예를 들어

$$3 = \frac{3}{1}, \ -5 = \frac{-5}{1}, \cdots$$

이고 모든 정수는 그 정수를 분자로 하고 분모를 1로 하면 분모와 분자가 정수인 분수 꼴로 표현됩니다. 따라서 정수는 유리수입니다.

다음으로 소수가 유리수인지 알아봅니다. 예를 들어 0.23의 경우

$$0.23 = \frac{23}{100}$$

이므로 유리수입니다. 유한소수는 소수점의 자릿수에 따라서 분모를 10, 100, 1000, …등으로 하는 정수의 분수 꼴을 만들 수 있어 모두 유리수가 되는 것을 알 수 있습니다.

그뿐만이 아닙니다. 또한 순환소수도 분모 분자가 정수(단, 분모는 0이 아님)인 분수 꼴로 나타낼 수 있습니다.

$$0.4444\cdots=\frac{4}{9},\ 0.73737373\cdots=\frac{73}{99}$$

이므로 순환소수도 모두 유리수입니다. 이쯤 되면 모든 수가 유리수가 아닌가 하는 의문이 들기도 합니다.

유리수가 아닌 수는 어떤 수가 있을까요? 생각해 보면 순환하지 않는 무한 소수는 분모 분자가 정수(단, 분모는 0이 아님)인 분수 꼴로 만들 수 없어서 유리수가 아닙니다.

단 한 줄로 정의된 유리수의 정의를 공부하는 것은 이처럼 여러 가지 경우를 따져보아야 이해할 수 있습니다. 게다가

$$\frac{2}{3}=\frac{4}{6}=\frac{-10}{-15}=\cdots$$

에서 보듯 한 유리수의 표현은 무수히 많습니다. 양수인 유리수 하나는 여러 가지 다른 분수 꼴로 표현할 수 있습니다. 양수인 한 유리수의 여러 가지 유리수 표현 중 기약분수는 단 하나뿐입니다.

이렇듯 유리수를 공부한 학생의 유리수 이해 정도는 천차만별입니다.

1등급부터 9등급 학생의 유리수 이해 정도

등급	유리수의 이해 정도
9등급	유리수 정의를 모른다.
8등급	유리수 정의는 외우는데 정작 정수를 모른다.
7등급	정수를 알고, 유리수 정의도 말할 수 있다.
6등급	자연수와 정수가 유리수인 이유를 안다.
5등급	한 유리수가 여러 가지 표현이 있음을 안다.
4등급	유한소수가 유리수임을 안다.
3등급	순환소수가 유리수임을 안다.
2등급	유리수가 아닌 수를 이야기할 수 있다.
1등급	문자로 된 순환소수를 유리수 정의에 맞게 표현할 줄 안다.

배경지식과 정의에 이어서 다음 공부가 이어집니다.

③ 유리수의 성질과 공식 공부하기

④ 유리수 문제 풀기

유리수 단원 구성에서 가장 신경 써서 진지하게 공부해야 하는 부분이 정의입니다. 이는 단지 유리수에만 해당하는 것이 아닙니다. 모든 단원에서 정의를 철저히 따져가며 공부하여 완전한 이해를 하면 풀지 못하는 문제가 없습니다. 수학 문제 풀기는 수학 공부가 아니라 시험을 준비하는 훈련입니다. 개념(정의) 공부가 철저히 선행되어야 문제 풀기가 단순노동이 아닌 실력 향상으로 연결됩니다.

(2) 잘못 알고 있었다고?

수학을 공부할 때, 한 단원의 시작 부분이 쉽고, 끝으로 갈수록 어렵다고 생각하는 사람들이 많습니다. 그러나 사실 그런 단원은 없습니다. 오히려 단원의 시작 부분이 가장 어렵고, 중요하며, 공부 시간을 많이 투자해야 합니다. 그 이유는 단원의 시작 부분에 새로운 개념들이 등장하기 때문입니다. 뇌가 새로운 개념을 접하고, 이해하고, 이해한 내용과 익숙해지는 데는 시간이 필요합니다. 이런 시작 부분을 공부하는 데 시간이 오래 걸리지 않을 수 있을까요?

교과서의 한 소단원은 보통 7~8쪽 정도 분량이 됩니다. 상위권 학생들은 이 소단원을 공부할 때 첫 장에 나오는 정의를 공부하는 데 가장 많은 시간을 투자합니다. 반면, 하위권 학생들은 단원의 끝부분을 공부하는 데 시간이 더 걸립니다. 앞부분을 소홀히 공부했으니, 내용을 체계적으로 이해하지 못해 뒷부분 공부가 어렵고 시간이 더 걸리게 되는 겁니다.

앞서 유리수 정의를 살펴보았듯, 정의를 완전히 이해하려면 시간이 걸립니다. 예를 들어, 유리수의 정의, 제곱근의 정의, 원주율의 정의 등은 짧지만 그 안에 등장하는 단어의 의미와 역할을 정확히 이해하려면 시간이 걸립니다. 유리수에 대한 정의를 깊이 이해하려면 유한소수나 순환소수가 왜 유리수에 속하는지 따져봐야 합니다. 유리수가 아닌 수는 어떤 것이 있는지 찾아보고, 찾아본 그 수가 왜 유리수가 아닌지 스스로 설명할 수 있어야 합니다. 이렇듯 정의의 이해는 간단하지 않고 쉽지도 않아서 시간이 걸립니다.

정의 이후에 이어지는 성질, 정리, 공식은 정의와 비교하면 상대적으로 간단합니다. 정의를 확실히 이해했다면 그 토대 위에 성질이나 정리를 추가하는 것은 단순히 한 가지만 첨가하는 것이므로 어렵지 않죠. 그래서 상위권 학생들은 단원의 끝부분을 공부하는 데 시간이 덜 걸립니다. 그들에게는 끝부분이 퍼즐 조각을 맞추는 느낌처럼 자연스럽게 채워집니다. 단원의 끝부분을 공부하면서 완성되는 느낌을 받아야 바르게 공부한 것입니다.

반면, 하위권 학생들은 정의 자체를 이해하지 못하고 외우기만 하기에 성질이나 정리와 체계적으로 연결하지 못합니다. 그래서 이 내용들을 외우게 됩니다. 단원 후반으로 갈수록 외워야 할 양이 많아지고, 공부한 내용이 체계가 잡히지 않아서 점점 더 어려워지는 이유죠. 정의 공부에 시간을 투자해서 제대로 이해한 학생은 진도를 나갈수록 점점 더 명확하게 내용을 기억하고 문제를 풀 때도 효과적으로 접근할 수 있습니다.

결국, 단원의 끝부분이 원래 어렵고 복잡한 것이 아니라, 시작 부분을 제대로 알지 못해 어렵게 느껴지는 현상입니다. 단원의 시작 부분을 정확히 이해하는 것이 가장 중요한 단계라는 사실을 깨닫고 공부해야 효율적인 공부가 됩니다.

(3) 아는지 모르는지 판별하지 못하는 학생은 희망이 없다.

제대로 이해해서 아는 지식은 차곡차곡 쌓을 수 있습니다. 이해한 내용끼리는 연결 고리가 있어 체인처럼 연결할 수 있습니다. 그러나 이해 없이 외운 내용은 모래알과 같아서 쌓을 수 없고 서로 연결할 수도 없습니다. 내용을 아는지 모르는지 스스로 판별할 수 있는 능력에 따라서 상위권 학생과 하위권 학생이 구별된다고 앞에서 설명하였습니다.

'내용을 아는지 모르는지 판별하지 못하면, 현재 수준을 유지하기도 어렵습니다. 예를 들어 설명하겠습니다. 중학교 1학년 소인수분해 단원을 공부한 학생에게 "소인수분해가 무엇인가요?"라고 물었을 때, 그 학생이 대답하지 못한다면, 그 학생은 그 개념을 이해하지 못한 것이죠. "알긴 아는데, 설명은 못 하겠다."라고 해도, 그건 실제로 제대로 이해한 것이 아닙니다. 자신이 알고 있다고 착각하고 있을 뿐입니다. 알고 있다고 생각하니 진도를 나가게 됩니다. 이러면 내용을 알 기회가 없습니다.

문제집을 보면, 단원의 시작 부분에 그 단원의 문제 풀이에 필요한 내용이 간략하게 정리되어 있습니다. 하지만 그것을 단순히 외운다고 해서 제대로 아는 것은 아닙니다. 문제를 풀 때 그 정의나 개념을 자연스럽게 적용할 수 있어야 진정으로 알고 있다고 할 수 있습니다.

그럼 어떻게 자신이 아는지 모르는지를 확인할 수 있을까요? 가장 좋은 방법은 친구에게 설명해 보는 것입니다. 만약 설명을 듣고 친구가 이해하지 못한다면, 그 개념을 제대로 설명하지 못한 것입니다. 제대로 설명하지 못하는 이유는 개념을 공부하면서 알아야 할 점들을 제대로 이해하지 못했다는 것입니다. 친구에게 설명하기 어렵다면 책을 덮고 자신이 이해한 내용을 써보는 방법도 있습니다. 적다 보면, 생각과 달리 글로 표현 할 수 없는 부분을 발견하게 됩니다. 그 부분은 제대로 이해하지 못했다는 것이기 때문에 다시 공부하여 완전하게 이해하는 것이 중요합니다.

수학 공부에서 중요한 것은 "외우고 있다."라는 것과 "정확하게 이해하고 있다."

라는 것의 차이를 아는 것입니다. 제대로 이해하여 아는 것만이 진짜 지식입니다.

수학 공부의 부담을 줄이려면

수학 지식 쌓기가 쉬운 학생이 있고 그렇지 못한 학생도 있습니다. 한 단원에 나오는 내용들을 서로 연결하지 못하고 따로따로 외우는 방식으로 공부하는 학생은 지식 쌓기가 어렵습니다. 그런데 절반이 넘는 학생들이 내용을 낱낱의 사실로 외웁니다. 이렇게 공부하면 결국 수학 공부의 부담이 커집니다. 수학에서 하나의 단원은 이전 학년에서 배운 개념들과, 새로운 정의, 성질, 정리들이 서로 연결되어 있습니다. 단원 전체가 한 덩어리입니다. 많은 학생이 이 연결을 놓치고 낱낱의 내용으로 외우고 있습니다. 이럴 경우, 뒷부분으로 갈수록 정리가 안되고 오히려 점점 더 머리가 복잡해지고 어려운 느낌을 받게 됩니다.

문제집에서 단원의 시작 부분에 개념이 정리된 내용을 읽고 외운다고 해서 제대로 공부했다고 할 수 없습니다. 교과서를 읽고 이해하면서, 생각하고 따져보는 과정이 필요합니다. 이런 과정을 통해 뇌가 활성화되고 내용에 익숙해집니다. 이 과정이 있어야 더 오랫동안 기억이 남습니다. 이 과정이 없으면 외운 내용도 금방 잊어버리고, 문제를 풀 때 어려움을 겪게 됩니다.

결국, 수학 공부에서 중요한 것은 "이해하며 공부하는 것"입니다. 정의, 성질, 정리 등을 단순히 외우는 것이 아니라, 교과서를 읽고 생각하면서 연결 짓고, 스스로 정리하면서 공부해야 내용이 체계적으로 정리됩니다. 이해하는 고생을 해야 지식이 체계적으로 쌓이고, 외우는 부담이 줄어들며 풀 수 있는 문제가 늘어납니다. 수학 공부의 부담을 줄이려면 문제를 풀기 전에 한 단원 전체를 한 덩어리로 이해하여 연결해 가며 체계를 갖추어 기억하기부터 하면 됩니다.

2. 공부 능력 키우기

학년이 올라가면서 수학 난이도는 기하급수적으로 어려워집니다. 따라서 학습 능력 발달이 빠르게 높아지는 난이도를 따라가지 못하면 수학 공부는 점점 더 어렵습니다. 어떻게 공부해야 학습 능력이 발달할까요?

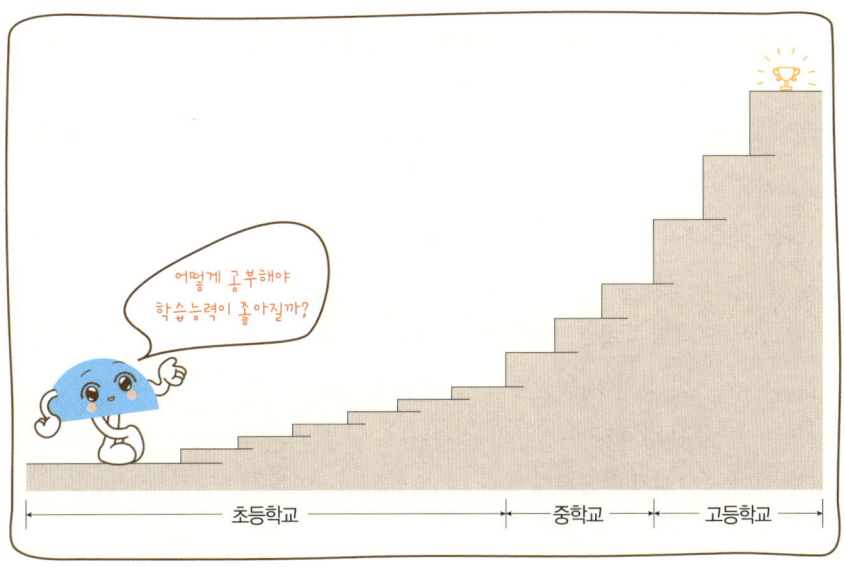

우리의 뇌는 근육과 같아서 자주 사용할수록 발달합니다. 단순히 외우기만 하면 암기력만 발달합니다. 내용에 관한 설명을 듣고 받아들이는 데 익숙하면, 받아들이는 능력만 발달하여 스스로 생각하는 힘이 부족해질 수 있습니다. 학생들이 문제 풀기를 할 때 한 유형의 대표적인 문제의 풀이 방법을 먼저 익힙니다. 그리고 기억한 풀이 방법으로 같은 유형의 문제를 그대로 풉니다. 이렇게 문제를 풀면 문제 해결력은 향상되지 않습니다.

(1) 받아들이지 말고 스스로 해결하라

초등학교나 중학교 때 비슷한 성적이었던 학생들도 고등학교에 올라가면서 실력과 성적에서 큰 차이가 나는 경우가 많습니다. 특히 수학 과목은 학습 능력이 발달한 학생일수록 점점 두각을 나타내는데, 이는 공부하는 방법과 밀접한 관련이 있습니다.

학년이 올라갈수록 한 단원의 학습량은 기하급수적으로 증가하고 난이도 역시 기하급수적으로 높아집니다. 따라서 학습 능력의 향상 없이는 고학년 수학 공부가 어렵습니다. 받아들이는 공부 방법으로는 학습 능력이 발달하지 않습니다. 학생들의 공부 방법을 능력 향상의 측면에서 내용 공부와 문제 풀기로 나누어 살펴보겠습니다.

교과서를 읽고 나서 내용을 정리하는 학생은 드뭅니다. 내용 정리는 교사가 수업 준비하는 과정에서 합니다. 따라서 학생이 공부한 것이 아니고 교사가 공부한 것입니다. 학생들 대부분은 문제집에 요약된 설명을 읽고 문제를 풀기 시작합니다. 문제집에 있는 요약된 내용은 누가 만들었나요? 책의 저자입니다. 학생은 그걸 만들지 않고 만들어진 요약 내용을 읽고 그대로 받아들입니다. 따라서 학생이 공부한 것이 아니고 문제집 저자가 공부한 것입니다. 학생 스스로 학습한 것이 아니라서 학습 능력이 향상되지 않습니다.

학생들의 문제집 사용 습관을 살펴보겠습니다. 한 유형의 대표적인 문제가 예제로 제시되어 있습니다. 학생이 이 문제를 스스로 해결하는 경우는 거의 없습니다. 이 문제의 풀이 과정을 읽고 익히죠. 그리고 이어지는 문제는 학생이 해결합니다. 이어지는 문제는 직전에 있는 예제에서 익힌 풀이 방법을 그대로 적용하면 다 해결됩니다. 결국 학생이 해결한 문제는 없습니다. 학생은 저자의 풀이법을 그대로 받아들였습니다. 저자가 문제를 풀었고 학생이 온전히 푼 문제는 하나도 없습니다. 문제 풀기를 이렇게 해서는 학생의 문제 풀기 능력은 발달하지 않습니다.

학생이 스스로 이해하고 정리한 내용도 없고 학생 스스로가 온전히 푼 문제가 없습니다. 모두 받아들이기만 했습니다. 따라서 스스로 한 학습이 없어서 학습 능력은 발달하지 않습니다.

(2) 이해력 키우기

수학 공부뿐만 아니라 대화와 같은 모든 인간 활동에서 이해력은 가장 기본적이면서도 핵심적인 능력입니다. 대화에서 상대방의 말을 제대로 이해하지 못하면 대화가 이어질 수 없듯이, 수학을 공부할 때도 내용을 이해하지 못하면 진정한 의미의 학습이 이루어질 수 없습니다. 만약 내용을 제대로 이해하지 못하면 결국 글자 그대로 외우게 되는데, 이런 식의 공부는 이해력 향상으로 이어지지 않습니다.

이해하는 능력을 키우려면 공부할 때 매번 내용을 스스로 떠올리며 생각하는 과정이 필요합니다. 예를 들어, 수학책을 읽다가 '직사각형'이라는 용어가 나오면 직사각형의 모양을 머릿속에 떠올리고, 직사각형의 정의를 함께 생각해 보아야 합니다. 만약 직사각형의 모양이 쉽게 떠오르지 않는다면 직접 그리고, 그려놓은 직사각형을 보면서 공부해야 이해력이 생깁니다. 마찬가지로, 이차함수 식을 접할 때도 그래프의 형태를 떠올릴 수 있어야 하며, 만약 그것이 어렵다면 직접 그래프를 그려 가며 학습해야 이해하는 데 절대적인 도움이 됩니다. 이차함수 식에서 얻을 수 있는 정보는 제한적이고 그래프에서는 다양한 정보를 눈으로 보면서 쉽고 빠르게 찾을 수 있어서 이해에 도움이 됩니다.

사실 내용을 떠올려 가며 읽는 습관은 수학뿐만 아니라 모든 학습에 필수적입니다. 문학 작품을 읽을 때도 저자가 묘사한 장면과 상황을 머릿속에 그려야 저자가 말하고자 하는 바를 온전히 이해할 수 있듯이, 모든 글을 읽을 때는 뇌에 떠올리면서 읽어야 합니다. 그런데 유독 수학 공부할 때 이런 떠올리기를 하지 않는 학생이 많습니다. 수학이 어렵게 느껴지는 이유 중 하나는 배경지식 부족일 수도 있지만, 더 큰 이유는 새로운 수학 개념을 접할 때 이를 머릿속에서 떠올려 보지 않기 때문입니다. 수학의 모든 개념은 현실과 연결될 수 있으며, 이를 실제 상황과 연관 지어 학습하면 이해도를 훨씬 높일 수 있습니다.

이런 점에서, 수학 개념을 배울 때 현실과 연결 지어 생각하는 습관을 들이면 활용 문제도 어렵지 않습니다. 예를 들어, '속도', '거리', '시간'과 관련된 개념을 공부할 때, 시속 10 km의 속도로 4 km를 완주하려면 24분 걸린다는 것을 떠올릴 수 있습니다. 이렇듯 단순히 공식만 외우는 것이 아니라 생활 속 경험을 떠올려 보면 문제 해결이 훨씬 쉽습니다.

읽을 때 내용을 떠올리는 습관이 몸에 배면 이해력도 자연스럽게 향상됩니다. 그리고 떠올리며 이해를 잘하기 위해서는 높은 집중력이 필요합니다. 이해력을 키우려면 내용이 쉽든 어렵든 항상 최상의 집중력을 유지하며 공부하는 것이 중요합니다. 달리기 연습할 때 무작정 오랜 시간 달린다고 기록이 단축되는 것이 아닙니다. 하루에 단 몇 번을 연습하더라도 매번 자신의 한계를 시험하며 최선을 다해 달려야 기록이 향상되는 것과 같습니다. 공부도 마찬가지입니다. 짧은 시간이라도 최상의 집중력을 발휘하며 몰입해야 이해력과 사고력이 더욱 높아질 수 있습니다.

늘 이해하면서 공부하면 이해력이 발달합니다. 이해하려면 문장에 등장하는 단어를 머릿속에 떠올리면서 읽어야 합니다.

(3) 문제 해결 능력 키우기

자신이 풀지 못한 문제의 해설을 읽고 그대로 따라 풀었다면, 그것은 수학 공부라고 할 수 없습니다. 문제를 해결할 수 없다면 수학 공부는 왜 하는 건가요? 수학을 공부하는 목적은 단순히 수학 지식을 습득하는 것이 아니라, 사고력, 판단력, 추리력, 논리력, 문제 해결력 등 다양한 능력을 키우는 데 있습니다. 이러한 능력 중 문제 해결력을 얻지 못한다면 수학 공부의 의미가 없습니다.

문제 해결력은 문제를 풀어야 생기고 발달합니다. 그런데 문제집 여러 권을 푸는 학생조차 학생이 온전히 푸는 문제는 얼마 안 됩니다. 문제가 풀리지 않으면 해설을 읽고 풀었다고 치고 넘어가기 때문입니다. 이런 경우 학생이 문제를 풀지 않았으므로 문제 해결력은 발달이 전혀 안 됩니다.

문제를 풀지 못하는 이유는 크게 두 가지로 나눌 수 있습니다. 첫째, 문제 자체를 제대로 이해하지 못하는 경우입니다. 이는 대개 문제에 등장하는 용어의 개념을 정확히 알지 못하기 때문일 가능성이 큽니다. 이 경우는 문제 해결력이 아니라 실력이 부족하여 문제를 이해하지 못 합니다. 문제 파악이 안 되는 학생은 내용 공부를 다시 하세요. 문제를 풀 때가 아닙니다.

둘째, 문제 파악은 했지만 문제 해결 방법을 찾지 못하는 경우입니다. 문제 해결력이 부족한 경우입니다. 그런데 원인을 분석해 보면 다양한 이유가 있습니다. 그 중 가장 많은 경우가 학생이 착각하고 있는 경우입니다. 이차방정식 문제를 풀고 있는 학생에게 '이차방정식이 무엇인가?'라고 질문하면 대답하지 못합니다. 제곱근에 관한 문제를 풀고 있는 학생에게 $\sqrt{2}$의 뜻을 설명하여 보라고 하였더니 정확한 답을 하지 못합니다.

'어떻게'만 알고, '무엇인지'를 모르는 것이 현실입니다. 많은 학생들이 문제를 풀 때 풀이 방법을 외워서 문제를 풀고 있습니다. 결국 개념인 '무엇인지'를 알고 이를 이용하여 '어떻게' 푸는지 생각해 내야 문제 해결력이 향상되는데 그런 과정이 없으니 문제 해결력이 향상되지 않습니다.

문제를 읽고 개념을 이용하여 '어떻게 풀 것인가?'하는 풀이 방법을 학생 스스로가 찾아내며 문제를 풀다 보면 문제 해결력이 좋아집니다. 문제 해결력이 향상되기 위해서는 풀지 못하는 문제를 끝까지 붙들고 해결해야 합니다. 하위권 학생처럼 해결되는 문제만 해결해서는 문제 해결력이 향상되지 않습니다.

(4) 학습 능력 키우기

내용을 읽거나 설명을 듣고 이해하는 능력인 이해력은 여러 가지 능력 중 수학 공부를 하는 데 가장 중요한 능력일 것입니다. 또 다른 중요한 능력은 문제 해결력입니다. 그밖에 계산력, 사고력, 기억력, 판단력, 추리력 등 수학 공부에 필요한 능력은 여러 가지입니다.

이해력을 키우기 위해서는 설명을 듣고 이해하기보다 책을 읽고 이해해야 합니다. 문제 해결력을 발달시키려면 해설을 읽지 않고 개념을 사용하여 문제를 스스로 해결해야 합니다. 문제집에 있는 정리된 내용을 읽기보다는 본인이 단원 내용을 직접 적어 가며 정리하여야 능력이 향상됩니다. 공식도 스스로 유도해야 공식을 이해하는 능력과 활용하는 능력이 발달합니다. 그런데 학생의 현실은 반대입니다. 능력이 발달하지 않습니다. 일상생활에서 이해하기 쉬운 예를 살펴보겠습니다.

부모가 자녀에게 길을 알려주는 방법은 다양합니다.

부모 A : 빨리 알도록 지도를 외우라고 합니다.
부모 B : 자녀가 찾아다니면 시간이 걸리므로 도서관, 박물관, 공연장, 경기장 등 모두 자동차로 태워다 줍니다.
부모 C : 부모가 자녀에게 길을 알려주려고 늘 같이 갑니다. 승용차 대신 대중교통을 이용하거나, 가까우면 데리고 갑니다.
부모 D : 길 찾는 방법을 알려주고 찾아가라고 합니다.
부모 E : 자녀보고 알아서 하라고 합니다.

길을 찾는 능력은 어느 자녀가 가장 크게 발달할까요? 모든 것을 스스로 해결해야 하는 부모 E의 자녀입니다. 수학 공부는 길 찾기보다 더 다양한 능력이 필요합니다. 모든 걸 스스로 해결하려 할 때 능력이 발달하게 됩니다. 수학 공부는 초등학교부터 고등학교 3학년까지 12년의 긴 과정입니다. 우선 당장 쉬운 공부 방법으로는 능력을 발달시킬 기회가 없습니다. 공부 내용뿐만 아니라 공부 방법까지 학생 스스로 고민하고 판단하고 결정하며 시행착오를 겪고 수정하는 과정을 통해 발달합니다. 이렇게 하면 능력 발달의 한계가 사라집니다.

즉, 모든 것을 학생의 뇌를 사용하여 해결해야 학습 능력이 발달합니다.

(5) 기억력 키우기

기억력을 키우는 방법을 살펴보기 전에, 사람마다 기억이 차이가 나는 이유부터 알아보겠습니다. 공부한 내용을 금방 잊어버리는 학생이 있고, 반면에 오랜 시간이 지나도 또렷이 기억하는 학생이 있습니다. 이런 차이는 왜 생길까요? 그리고 어떻게 하면 오래 기억할 수 있을까요?

Ebbinghaus의 망각 곡선을 현대적으로 재해석한 연구에 따르면, 단순히 암기한 정보는 일주일 후 약 75%가 잊혀 지지만, 연관성 있게 처리된 정보는 한 달이 지나도 60%가 유지된다고 합니다. 이는 개념과 공식을 기억하는 데 있어 단순한 암기보다 이해가 더 큰 영향을 미친다는 것을 의미합니다. 개념을 제대로 이해하고 그 내용을 바탕으로 구체적인 예를 생각해 가며 의미를 부여하면서 공부하면, 반복학습 없이 한 달이 지나도 절반 이상의 기억을 유지할 수 있습니다.

반면, 식을 단순히 암기하면 일주일만 지나도 거의 잊어버리기 때문에 반복해서 외워야 합니다. 그러나 이렇게 외운 개념이나 공식은 실제 문제에서 활용할 때 제대로 적용하지 못합니다. 문제에 주어진 조건이 어떤 개념과 관련이 있는지를 이해해야만 식을 세울 수 있기 때문입니다. 즉, 공식의 암기보다는 이해하는 것이 중요하며, 이해가 공식을 기억하는 데 도움이 됩니다.

관심과 기억

관심이 없으면 기억도 오래가지 않습니다. 기억의 지속 기간은 개인의 능력에 따라 다를 수도 있지만, 사실 더 중요한 차이는 관심과 공부하는 목적에서 찾을 수 있습니다. 이것은 수학뿐만 아니라 모든 분야에서 마찬가지입니다. 예를 들어, 관심 있는 이성이 나에게 한 말은 오랫동안 기억하지만, 관심이 없는 사람이 같은 말을 했을 때는 금세 잊어버립니다.

학생이라면 대학 입시에서 중요한 과목인 수학에 자연스럽게 관심을 가지게 됩니다. 하지만 내용 공부에 관한 관심인지 성적에 관한 관심인지 구별해 볼 필요가 있습니다. 수학 성적에 관심 있는 학생은 많고, 내용에 관심이 있는 학생은 몇 안 됩니다. 내용을 알려고 공부해서 내용을 알게 되면 기억은 오래갑니다.

시험을 위해 공부하는 학생은 문제를 푸는 데 필요한 공식과 풀이 방법을 기억하는 데 치우쳐 공부하고, 스스로 개념을 따지지 않고 공부하는 경향이 있습니다. 이런 경우, 공부한 내용을 아는 것이 아니고 단순히 글자 그대로 기억하는 것일 가능성이 높습니다. 이 경우 내용을 아는 것이 아니라서 쉽게 잊습니다. 시험이 끝나고 내용을 금세 잊는 학생은 수학 내용에 관심이 없고 수학 성적에 관심이 있는 것입니다.

관심이 있는 것과 없는 것의 차이가 어떤 결과로 이어지는지 알아보겠습니다. 낮에 관심 있는 이성을 만나고 집에 돌아와서는 오늘 낮에 이성을 만나서 했던 행동과 이야기를 떠올려 보게 됩니다. 관심이 있어서죠. 만일 수학 공부를 이성에게 관심을 가지듯, 매일 낮에 공부한 내용을 저녁에 떠올려 본다면 수학 실력 향상은 확실하게 보장됩니다. 수학을 공부하고 단 하루가 지난 다음 날만 되어도 생각이 안 난다면 수학 공부에 관심이 없는 것입니다. 수학에 관심이 있어서 내용이 궁금하고 알고자 공부해야 기억이 오래갑니다.

이해와 기억

같은 내용이라도 이해한 정도에 따라 기억 지속 시간이 달라집니다. 이 역시 수학에만 해당되는 것이 아닙니다. 친구와 대화할 때도, 이해가 가지 않는 이야기는 듣고 나면 금방 잊어버립니다. 하물며 수학 개념을 제대로 이해하지 못했다면 잊는 건 당연하죠.

물론, 한 번 이해했다고 해서 영원히 기억할 수 있는 것은 아닙니다. 시간이 지나면 자연스럽게 망각이 일어납니다. 하지만 한 번 제대로 이해한 내용은 작은 단서만 떠올려도 쉽게 전체 기억을 되살릴 수 있습니다. 만약 작은 단서조차 생각나지 않아서, 다시 공부한다 해도 쉽게 생각나고, 또 처음보다 훨씬 쉽게 이해되며 기억도 더 오래 지속됩니다.

반대로, 이해하지 않고 단순히 외운 내용은 기억에서 쉽게 사라집니다. 이런 방식으로 공부하면, 한 번 잊어버리면 다시 떠올릴 단서가 없어 기억을 되살리기가 어렵습니다. 그래서 이해 없이 암기한 내용을 유지하려면, 뇌가 억지로 기억을 붙잡아 두어야 하며, 그러기 위해서 반복하여 외워야 합니다. 이 때문에 수학 공부가 부담스럽고 힘들어지게 됩니다.

많은 학생이 이해하기 어려운 내용을 일단 외우고 보는 경향이 있습니다. 심지어 이해하지 못하면 그냥 외우라는 조언을 하는 사람도 있습니다. 하지만 이런 방식은 부담만 커지고, 문제를 풀 때 내용을 유연하게 적용하기 어렵게 만듭니다. 물론, 어쩔 수 없이 외워야 하는 때도 있을 수 있지만, 그 양은 최소화해야 하며, 장기적인 해결책이 되어서는 안 됩니다.

내용을 이해하는 것은 단순 암기보다 집중력과 노력이 더 많이 필요합니다. 이 때문에 수학을 어려워하는 학생들은 개념을 이해하지 않고 그냥 외우고 지나가며, 단원의 문제 풀기에 도움이 된다고 생각하는 공식만 신경 써서 공부하려고 합니다. 그러나 이런 방식으로 공부하면 기억이 오래가지 않을뿐더러, 문제를 해결할 때 개념을 활용하는 능력도 떨어집니다.

결국, 내용의 이해가 기억을 오랫동안 지속 시키고, 문제 해결 능력도 키웁니다. 공부할 때 개념을 깊이 이해하고, 스스로 생각해 보며, 현실과 연결하는 연습을 한다면, 기억력이 향상될 뿐만 아니라 수학 실력도 자연스럽게 향상될 것입니다. 오래 기억을 유지하려면 내용을 현실과 연결하세요. 예를 스스로 만들어 보세요. 그러면 기억이 오래갑니다.

집중력과 기억

공부할 때 집중하지 않으면 배운 내용을 금방 잊어버리기 쉽습니다. 대화할 때도 상대방의 말에 집중하지 않으면, 방금 나눈 이야기조차 기억하기 어렵습니다. 설명을 들을 때도 마찬가지입니다. 집중하지 않으면 설명이 끝난 후 무슨 이야기를 들었는지조차 떠오르지 않습니다. 책을 읽을 때도 집중하지 않으면 읽고 나서 무슨 내용을 읽었는지 생각나지 않습니다.

결국, 오래 기억하려면 내용을 이해해야 하고, 이해하려면 집중이 필요합니다.

배우며 기억하는 것 vs 스스로 공부하며 기억하는 것

혼자 걸어서 찾아간 친구 집은 며칠이 지나도 다시 찾아갈 수 있습니다. 반면, 부모님이 차로 데려다준 친구 집은 나중에 혼자 찾아가기 어렵습니다. 수학 공부도 마찬가지입니다.

학생이 스스로 읽고 이해하며 공부한 내용은 오래 기억됩니다. 반대로 남이 설명해 준 내용은 상대적으로 기억이 오래가지 않습니다. 상위권 학생과 하위권 학생을 비교해 보면, 스스로 책을 읽고 공부하는 시간이 상위권 학생에게서 더 길다는 점을 알 수 있습니다. 배운 내용을 기억하는 것보다 스스로 공부한 내용을 기억하는 기간이 훨씬 깁니다.

오래 기억하는 공부 방법

수학여행을 갔던 기억은 시간이 지나도 선명하게 남습니다. 직접 체험한 일들은 오래 기억되기 마련입니다. 수학 공부도 마찬가지로 체험하며 공부하면 오래 기억됩니다. "수학에서 체험할 것이 뭐가 있냐?"라고 생각할 수도 있지만, 사과가 떨어지는 모습을 보고 만유인력의 법칙을 정립한 것처럼 모든 수학 내용은 현실 세상에서 발생하였습니다. 따라서 수학 내용은 모두 현실과 연결됩니다.

수학을 쉽게 이해하고 오래 기억하려면 직접 체험하며 공부하는 것이 필요합니다. 같은 내용을 배우더라도, 체험하면서 공부할 때와 그렇지 않을 때의 이해도와 기억의 지속 기간은 크게 차이 납니다. 체험을 통해 이해한 내용은 문제를 풀 때도 쉽게 떠오릅니다. 또한, 체험 없이 이해하기 어려운 개념도 체험을 통해 쉽게 이해할 수 있습니다. 수학을 체험하며 공부하는 방법에 대해서는 뒤에서 자세히 설명하겠습니다.

암기력과 기억력을 키우는 방법

암기력은 훈련을 통해 키울 수 있습니다. 다른 능력과 비교했을 때, 암기력을 높이는 방법은 비교적 단순합니다. 자주 암기하면 암기력은 자연스럽게 좋아집니다. 예를 들어, 영어 단어를 외우기 어려워하는 학생도 매일 외우다 보면 하루에 외울 수 있는 단어 수가 늘고 또 점점 쉽게 외울 수 있게 됩니다. 암기를 자주 하면 암기력이 향상됩니다.

수학 공식이나 정의도 반복해서 외우면 암기력은 좋아집니다. 물론 이해 없이 외우면 기억하는 기간이 상대적으로 짧고, 외우는 과정도 힘들어지긴 합니다. 수학 공부에 있어서 암기력이 어느 정도 필요합니다. 암기력과 기억력은 자주 활용할수록 향상됩니다. 이해하며 공부하고, 반복적으로 기억하는 습관을 들이면, 수학을 더욱 효과적으로 학습할 수 있을 것입니다.

(6) 창의력 키우기

수학 공부와 성격

수학을 공부하는 방식은 그 사람의 성격과 정확하게 일치합니다. 수동적인 성격을 가진 학생은 스스로 내용을 읽고 이해하기보다 남의 설명을 듣고 이해하려는 경향이 있습니다. 문제를 풀 때도 자신만의 해결 방법을 찾기보다, 다른 사람이 사용한 풀이 방식을 그대로 따라 하려 합니다. 이런 학생들은 문제 풀이 방법의 다양성을 경험하지 못하고, 해설에 나온 풀이만을 익혀 그 방법으로만 문제를 해결하려는 경향이 강합니다. 하지만 수학 문제를 푸는 방법은 한 가지가 아니라 다양합니다.

가장 좋은 풀이 방법은 사람마다 다르다.

모든 나라에서 배우는 수학의 내용은 같지만, 같은 문제라도 푸는 방법은 무척 다양합니다. 가장 쉬운 풀이 방법은 개인의 수학적 지식과 능력에 따라서 사람마다 다르기 때문입니다. 초등학교 수학 문제와 달리 고등학교 수학 문제는 한 문제에 보다 더 다양한 풀이 방법이 있습니다.

만약 누군가가 푼 방법을 그대로 따라 하기만 한다면, 자신에게 가장 적합한 풀이 방법이 무엇인지 알 기회조차 없습니다. 자신만의 해결 방법을 고민해 보는 과정이 필요합니다.

문제 풀이 능력과 창의력 키우기

문제를 풀 때마다 스스로 해결 방법을 찾고 개념을 적용하면, 최적의 풀이를 찾는 능력이 점점 발달합니다. 이 과정에서 다음과 같은 능력이 함께 향상됩니다.

1 주어진 조건을 활용하는 능력
   → 문제를 읽고, 어떤 정보를 어떻게 활용할지 빠르게 파악할 수 있다.
2 적절한 식을 찾는 능력
   → 원하는 결과를 얻기 위해 어떤 수식을 써야 하는지 감이 잡힌다.
3 문제 해결 속도 향상
   → 다양한 문제를 풀면서 사고력이 점점 발달하고 계산이 빨라진다.

이렇게 문제를 직접 해결하는 습관을 들이면, 내용을 공부할 때도 집중을 더 하게 됩니다. 학년이 올라갈수록 문제 풀기뿐만 아니라 개념을 이해하는 깊이도 점점 깊어집니다. 그리고 최적의 풀이 방법을 찾는 능력이 익숙해지면, 더 나아가 자신만의 새로운 해결 방법을 찾아내는 창의력도 발달하게 됩니다.

창의력은 새로운 길을 찾는 데서 나온다.

정해진 답을 찾는 것만으로는 창의력이 자라지 않습니다. 창의력은 새로운 것에 대해 의문을 가지는 사람에게 생깁니다. 다른 사람이 이미 걸어간 길을 그대로 따라가는 것이 아니라, 가보지 않은 길을 개척하는 것이 창의력 발전의 핵심입니다. 즉, 문제를 풀 때 남의 풀이를 그대로 받아들이기보다, 온전히 자신만의 생각으로 해결하려고 노력하면 누구도 풀어 본 적이 없는 새로운 방법으로 문제를 풀 수 있게 됩니다. 이런 풀이법을 찾아내는 능력이 창의력의 일종입니다.

(7) 학습 능력 키우기와 집중력

집중력과 성적의 관계

수학 공부에서 집중력과 성적은 밀접한 관계가 있습니다. 집중하지 않으면 내용을 제대로 이해하지 못하고, 쉽게 잊어버리게 됩니다. 반면에 최고의 집중력 상태에서 공부하면 짧은 시간에도 많은 내용을 효과적으로 학습할 수 있으며, 쉽게 잊어버리지 않습니다.

공부를 시작해서 집중력을 최대로 끌어올리는 데 걸리는 시간은 사람마다 다릅니다. 수학에 관심이 많고 성적이 좋은 학생일수록 공부를 시작한 후 집중력을 빠르게 최고조로 만들 수 있습니다. 또 중요한 점은 그 집중력을 얼마나 오래 유지할 수 있느냐입니다.

집중력을 키우는 방법

최고의 집중력 상태에서 공부하는 것이 학습 능력을 발달시키는 핵심입니다. 이는 100 m 달리기와 비슷합니다. 100 m를 20번 천천히 뛰는 것보다, 전력을 다해 3번 달리는 것이 기록 단축에 효과적입니다. 마찬가지로, 집중력을 극대화한 상태에서 공부하는 것이 학습 능력 향상에 훨씬 효율적입니다.

하지만 최고의 집중력 상태에서는 금방 피로해질 수 있기 때문에 적절한 휴식이 필요합니다. 집중 상태로 공부하기와 휴식 과정을 반복하면서 집중력을 유지하는 시간을 점점 늘려야 합니다.

집중력을 키우는 방법:

1 한계에 도전하기
→ 공부하다가 힘들 때 바로 멈추지 말고 10분만 더 집중해 본다.

2 꾸준한 연습
→ 팔굽혀펴기를 매일 10개씩 하면 10개가 자신의 한계지만, 10개에서 한 개를 더하는 노력을 해야 10개를 넘게 할 수 있다. 공부도 마찬가지이다.

3 목표 시간 설정
→ 고등학생이라면 100분 동안 끊김이 없이 집중력을 유지하며 공부할 수 있는 능력이 필요하다. 이는 수능 수학 시험 시간(100분)과도 연결된다.

머리가 좋아지는 공부 방법

수학 공부를 잘하는 머리는 타고나는 것이 아니라, 노력으로 만들어집니다. 수학을 잘하려면 머리가 좋아야 한다는 말도 어느 정도 맞지만, 이보다는 수학 공부를 바르게 하면 머리가 점점 좋아집니다. 어릴 때 수학을 잘했던 학생이 고등학생이 되어 성적이 떨어지는 학생도 있고, 반대로 초등학교 때 수학을 어려워했던 학생이 고등학교에서 두각을 나타내는 경우도 많습니다. 그렇다면, 머리를 좋아지게 하려면 어떻게 공부해야 할까요?

뇌 활동을 활성화하는 공부법

뇌는 활동량이 많을수록 발달합니다. 중학교 수학부터는 이해력이 없으면 성적을 올리기 어렵습니다. 고등학교 수학은 개념이 더욱 복잡해지고, 문제 해결을 위해 여러 가지 개념을 연결하는 사고력이 필수적입니다. 따라서 어릴 때부터 단순 암기나 계산이 아닌, 종합적인 사고를 훈련하는 공부 습관이 필요합니다.

놀이와 학습의 뇌 활성화 관계

학자들에 따르면, 어릴 때는 공부보다 놀이가 뇌 발달에 더 도움이 된다고 합니다. 어릴 때는 공부할 때보다 놀 때 뇌 활동이 훨씬 활발하기 때문입니다.

놀이할 때 아이들은:
1 주변 상황을 파악하고 즉각적으로 반응한다.
2 변화하는 환경에 맞춰 적절한 행동을 한다.
3 친구와 교감하며 감정을 읽는다.

이 과정에서 뇌는 끊임없이 활동하며 복합적인 사고를 합니다. 놀이할 때는 예외 없이 뇌 반응이 활발합니다. 반면, 어린 시절의 공부 내용은 아주 간단해서 놀이보다 훨씬 단순한 뇌 활동일 때가 많습니다.

"잘 노는 아이가 공부도 잘한다."라는 말은, 놀이할 때처럼 공부할 때도 뇌 활동을 활발하게 하는 아이가 성적이 좋다는 뜻입니다. 반면, 놀기만 잘하는 아이는 뇌 활동이 놀이에서만 활발하고, 공부할 때는 그렇지 않을 가능성이 큽니다.

머리가 좋아지려면, 공부할 때 뇌 활동이 활발해야 합니다.

1 수학 공식을 단순히 외우는 것은 별다른 뇌 활동을 유발하지 않는다.
2 공식이 나오게 된 배경, 개념의 의미, 유도 과정, 문제 풀기에서 활용까지 생각해야 한다.
3 한 줄짜리 공식이라도 깊이 있게 고민하고 이해하려는 과정이 있어야 뇌가 활발하게 활동하며, 결국 머리가 좋아진다.

즉, 공부할 때도 끊임없이 생각하고 한 개념을 연관된 다른 개념과 연결하는 것이 중요합니다. 이해하면서 공부하는 습관이야말로 진정한 학습 능력을 키우고, 머리를 점점 더 좋아지게 만드는 방법입니다.

왜 그렇게 공부할까?

1 학생들이 교과서를 읽지 않고 문제집의 요약된 내용만으로 개념을 공부하는 이유는 무엇일까?
2 왜 문제를 풀지 못하면 스스로 고민하지 않고 바로 해설지를 찾을까?
3 왜 정의를 깊이 따져보지 않고 단순히 글자 그대로 외울까?

이유는 단 하나. 그 순간 뇌가 편하기 때문입니다. 복잡하게 생각하고 싶지 않아서입니다. 명심하세요! 그렇게 하면 결국 문제를 풀 때 더 큰 어려움을 겪게 됩니다.

> 머리가 더 좋아지는 방법!
> 공부할 때 한 개념을 다른 개념과 연결하며
> 끊임없이 생각하고 이해하며
> 공부하는 습관을 길러라!

제3장

수학 공부를 어떻게 해야 성적이 오를까?

제3장 수학 공부를 어떻게 해야 성적이 오를까?

1. 개념 공부

수학 성적은 개념 이해 수준을 넘지 못한다.

수학에서 좋은 성적을 얻기 위해서는 개념을 얼마나 깊이 이해하고 있는지가 가장 중요한 요소입니다. 문제 풀기 연습이 이를 뒷받침해 주기는 하지만, 학생의 성적은 결국 개념을 이해한 수준 이상으로 올라갈 수 없습니다. 예를 들어, 개념을 70% 정도 이해한 학생이라면 아무리 많은 문제를 풀어도 시험 성적은 70점을 넘기기 어렵습니다.

(1) 개념을 제대로 알아야 최상위권 학생이 될 수 있다.

여기서는 개념이 무엇이고, 어떻게 공부해야 하는지 설명합니다. 학생들이 복잡한 계산을 하여 푸는 문제를, 개념을 사용하면 얼마나 간단히 풀 수 있는지 예를 듭니다. 문제를 읽고 어떻게 풀어야 할지 전혀 생각하지 못하던 문제가 개념을 생각하면 얼마나 쉽게 해결되는지 깨닫게 하는 예가 있습니다.

개념을 모르면서 안다고 착각하고 있는 상태에서 문제를 많이 풀면 며칠만 지나도 생각이 나질 않습니다. 수학 성적을 올리려면 문제를 많이 풀어야 한다고 생각하는데 그건 개념을 알고 있는 학생만 해당합니다. 개념을 모르면 수학 공부가 어려운 이유를 살펴보겠습니다.

수학 시간에 교사가 학생에게 문제 풀이나 수학 성적과 관계가 없을 것 같은 질문, 예를 들어

1 2 곱하기 3이 왜 6인가?
2 (가로의 길이)×(세로의 길이)가 왜 직사각형의 넓이인지 설명하여라.
3 약수의 정의가 무엇인가?
4 원주율의 정의를 이야기하라.
5 %가 무엇인지 설명하여라.
6 변량이 무엇인가?
7 인수분해가 무엇인지 설명하여라.
8 미분이 무엇인지 설명하여라.

등을 질문하면 한 학급에 한 명 정도 극소수 학생만 바르게 대답합니다. 그 학생은 어김없이 수학 성적이 아주 좋은 최상위권 학생입니다. 최상위권이라서 이런 개념을 아는 것이 아니라 이런 개념부터 정확히 알고 있기에 최상위권에 가는 길이 열림을 알아야 합니다.

위의 8개 질문 중 처음 6개가 초등학교에서 배우는 수학 용어에 관련된 질문입니다. 초등학교에서 배운 개념조차 모르면 중학교나 고등학교 수학 공부가 어렵고 힘든 것은 당연한 이치입니다. 이런 정의를 정확하게 알면서 공부하는 습관이 있는 학생은 고등학생이 되어도 수학 공부를 어려워하지 않습니다.

예를 들어, 3×5가 얼마인지 물으면 초등학교 고학년 이상의 학생은 15라고 대답합니다. 그러나 "왜 3×5가 15인가?"라고 질문하면, 제대로 대답하는 학생은 절반도 되지 않습니다. 중학생 중 곱셈의 뜻(개념)을 아는 학생이 초등학생보다 오히려 더 적다는 사실은 무엇을 말해 줄까요? 곱셈의 뜻을 생각하지 않고 계산만 하는 습관이 중학생까지 이어지기 때문입니다. 그러다 보니 초등학생 때 알던 곱셈의 뜻

을 잊고서 계산만 할 줄 알게 됩니다.

학생들은 이렇게 반문할 수 있습니다. "곱셈의 뜻을 몰라도 계산만 할 줄 알면 시험을 잘 볼 수 있잖아요?"

초등학교 수학 문제는 계산만 잘해도 크게 문제가 되지 않지만, 중학교나 고등학교 수학 문제는 그렇지 않습니다. 초등학교 때부터 곱셈의 뜻을 제대로 이해하고 공부하는 습관이 중학교와 고등학교 수학 공부로 이어집니다. 곱셈의 뜻을 모르고 공부하면 그 부작용은 초등학생 때에는 나타나지 않다가 중학교 고학년 때나 고등학생 때 나타납니다. 고등학생이 되어 공부가 힘들어지는 원인 중 하나는 곱셈의 개념을 모르고 계산만 했기 때문입니다. 이를 살펴보겠습니다.

곱셈 계산은 잘 하지만 곱셈의 개념을 모르면 당장 중학교 1학년에서 배우는 문자와 식 단원을 공부할 때 어려움을 겪게 됩니다. 중학교에서 $5a-2a$를 계산하는데 초등학교에서 배운 곱셈 개념이 중요하다는 점을 알아보겠습니다.

중학교 1학년 때 문자와 식 단원을 배우게 됩니다. $5a-2a$를 계산하는 문제를 풀 때 맨 처음에는 많은 학생이 $5a-2a=3$이라고 답합니다. 그런데, 책의 예제에서 $5a-2a=3a$라고 하면 왜 그런지 이유도 알아보지 않고 계산법을 외웁니다. 이렇게 외운 계산법을 이용하여 $9b-5b=4b$라고 계산합니다. 이렇게 공부하면 개념을 제대로 알지 못하게 되는데 절반 이상의 학생이 이렇게 공부하는 것이 현실입니다. 이 상태에서 문제를 틀리지 않기 위해서 비슷한 유형의 문제를 계산법이 익숙해질 때까지 반복하여 풉니다.

곱셈의 개념을 알면 이런 문제를 쉽게 풀 수 있습니다. 예를 들어, 3×5는 3을 5번 더하거나, 5를 3번 더하라는 뜻입니다. 이는 $3a=3 \times a$, 즉 a를 3번 더한 것과 같습니다. $5a$는 a가 5개 있다는 뜻이고, $2a$는 a가 2개 있다는 뜻입니다. 그래서 $5a-2a$는 5개의 a에서 2개의 a를 빼면 3개의 a가 남아서 $3a$가 됩니다.

$$5a - 2a = (a+a+a+a+a) - (a+a)$$
$$= a+a+a$$
$$= 3a$$

입니다. 이렇게 곱셈의 개념이 같은 수나 문자를 반복해서 더하는 것을 이해하면, 문자와 식 단원에서 어떤 문제든 쉽게 풀 수 있습니다. 개념을 이해하면 자연스럽게 기억이 되어 억지로 외울 필요도 없습니다.

곱셈의 개념은 중학교 1학년의 문자와 식 단원에서만 중요한 것이 아닙니다. 약수와 소인수분해에서도 곱셈이 기본이 되고, 이는 결국 인수분해로 이어집니다. 즉, 인수분해도 곱셈의 개념이 기본입니다. 그리고 인수분해는 방정식 풀이로 이어집니다. 이렇듯 곱셈의 개념은 고등학교 3학년까지 모든 수학 단원에서 필요합니다. 곱셈 개념을 제대로 이해하고 공부하면, 고등학교 3학년까지 수학 공부가 전반적으로 달라집니다.

구구단을 외운 학생들에게 곱셈의 개념을 물으면, 과연 몇 명이나 정확히 대답할 수 있을까요? 뜻을 모르고 외우는 수학 공부로는 문제를 푸는 의미가 없습니다. 곱셈뿐만이 아닙니다. 개념을 모르고 문제를 푼다면 그것은 단지 단순 반복 작업에 불과하며, 암기력 이외에 이해력, 문제 파악 능력, 사고력 같은 학습 능력은 오히려 퇴보할 수 있습니다. 개념을 알면서 공부해야 학습 능력이 향상되고, 상위권 학생이 될 수 있습니다.

(2) 문제 풀기보다 어려운 개념 공부

학생들 대부분은 많은 문제를 푸는 것에만 노력을 기울이고, 개념 공부는 소홀히 하는 경우가 많습니다. 그 이유 중 하나는 개념 공부의 중요성을 잘 모르기 때문입니다. 또한, 개념 공부는 어렵다고 느껴지기도 합니다. 수학을 좋아하는 학생은 개념 공부를 재미있어하지만, 수학을 싫어하는 학생은 문제 풀기보다 개념 공부를 더 지겹게 생각합니다.

수학 공부를 잘 못한다고 할 때, 종종 '기초가 부족하다.'라고 말하는 사람이 많습니다. 그런데 실제로 그들에게 '기초가 무엇인가?'라고 물으면 정확한 답을 하지 못합니다. 수학에서 기초는 바로 개념이며, 수학 공부는 개념을 제대로 이해하는 것으로부터 시작합니다. 운동선수가 기본 동작을 익히고 나서 경기를 거듭할수록 실력이 늘듯이, 수학도 개념을 정확하게 알고 익힌 다음 문제를 풀면 실력이 발전됩니다.

운동선수가 경기를 자주 하면서도 기본 동작 훈련을 게을리하지 않는 것처럼, 수학 공부도 마찬가지입니다. 문제를 풀 때에도 개념 복습을 게을리하지 않아야 합니다. 그런데 수학 문제를 풀면서 개념을 틈틈이 익히는 학생은 찾기 힘듭니다. 문제를 풀면서 개념의 이해도가 높아지지 않는 이유입니다. 운동 경기는 재미있지만, 기본 훈련은 지루할 수 있듯이, 수학 문제 푸는 것은 재미있지만 개념 공부는 지루하고 어려울 수 있습니다. 그러나 운동선수가 좋은 경기력을 유지하려면 꾸준히 기본기를 훈련하듯, 높은 수학 성적을 원한다면 개념 복습을 틈틈이 해야 합니다.

(3) 수학 개념 공부를 어떻게 해야 성적이 오를까?
오래 기억되는 체험으로 하는 수학 공부

수학여행을 갔던 기억이 오래 남듯이, 직접 경험한 것들은 오래 기억에 남습니다. 수학 공부도 마찬가지입니다. 수학 공부에 무슨 체험이 있겠냐고 하겠지만 그건 수학을 모르는 사람의 이야기입니다. 사실 수학의 모든 주제는 현실과 연결되어 있고, 현실에서 비롯되었습니다. 쉽게 이해하고 오래 기억하려면 수학의 모든 용어를 현실 속에서 체험하면서 공부해야 합니다.

같은 수학 내용을 공부할 때, 체험을 통해 배우는 것과 그렇지 않은 것의 차이는 분명합니다. 어렵기만 하던 개념도 체험으로 쉽게 이해할 수 있습니다. 체험을 통해 배운 내용은 문제를 풀 때 더욱 쉽게 활용할 수 있습니다.

개념을 공부할 때, 뇌가 체험하지 못하면 일주일만 지나도 잊기 쉽습니다. 체험 없이 기억한 개념은 문제를 풀 때도 쉽게 떠오르지 않게 됩니다. 체험하며 공부하면 성적이 오르고 수학 공부가 재미있어지며 문제를 풀 때 정답률도 높아집니다. 그렇다면 뇌가 체험하는 개념 공부란 무엇일까요?

원주율을 체험으로 공부해 보겠습니다.

원주율은 초등학교에서 배우는 개념입니다. 그러나 중학생에게 질문을 해 보면 원주율을 아는 학생은 드물죠. 원주율은 말 그대로 원의 둘레와 지름의 비율입니다. 정확히 말하면, 원의 둘레의 길이를 원의 지름의 길이로 나눈 값입니다.(원주율의 '주'는 둘레를 의미하고 '율'은 비율을 뜻한다.)

원주율을 공부하기 위해 줄자를 준비하고, 다양한 크기의 음료수 캔의 둘레와 지름을 측정한 뒤, 둘레를 지름으로 나눠 보세요. 원주율의 정의를 식으로만 배우는 것과 실제로 여러 크기의 원에서 원주율 값을 구해보는 것은 기억에 큰 차이를 만들어냅니다. 문제를 풀 때도 차이가 나죠. 초등학교 교과서에서도 이런 체험 과정이 있습니다. 초등학교에서 이 단원을 배울 때는 원주율을 이해하는 학생이 대부분입니다. 그러나 학생들이 문제를 많이 풀면서 원주율의 정의는 잊고 계산에 필요한 식만 기억합니다.

원의 둘레의 길이를 l, 반지름을 r이라고 하면 지름은 $2r$이므로 원주율 π는

$$\pi = \frac{l}{2r}$$

입니다. 이 식의 우변에 분모 $2r$을 양변에 곱하면 원의 둘레의 길이를 구하는 식

$$l = 2\pi r$$

을 얻습니다. 이 식은 원주율의 정의 $\pi = \frac{l}{2r}$ 로부터 얻었고, 이 정의는 용어 원주율

의 글자에 의미가 담겨 있습니다.

원뿔의 옆넓이 구하기 체험

원뿔의 옆넓이를 구하는 것은 많은 학생이 어려워합니다. 공식을 외워도 금방 잊어버리곤 합니다. 원뿔의 옆넓이 공식을 쉽게 잊는 이유는 그 공식이 어떻게 나왔는지 제대로 이해하지 못하고 그냥 외웠기 때문입니다.

예를 들어, 밑면의 반지름이 r, 모선의 길이가 l인 원뿔이 있습니다.

이때 종이, 컴퍼스, 가위, 테이프 등을 이용해 부채꼴을 그린 후, 그 부채꼴을 오려서 테이프를 이용해 원뿔을 만들어 보세요. 이렇게 원뿔을 실제로 만들어 본 학생은 원뿔의 옆면이 부채꼴로 만들어진다는 사실을 잊지 않습니다. 또한 원뿔의 옆넓이를 구하려면 부채꼴의 넓이를 구하는 것과 같다는 점도 자연스럽게 기억하게 됩니다.

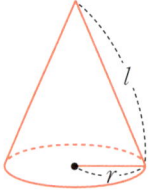 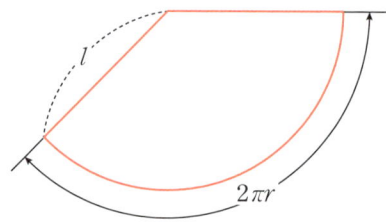

원뿔 모선의 길이를 재어보면 원뿔을 펼친 부채꼴의 반지름 l과 같다는 점을 확인할 수 있습니다. 또한 부채꼴의 호의 길이는 원뿔의 밑면인 원의 둘레의 길이와 같고, 부채꼴의 넓이는 원뿔의 옆넓이와 같다는 것을 쉽게 알 수 있습니다.

이렇게 원뿔을 만들어 보고 옆넓이를 구하는 방법을 체험하면, 문제를 풀 때도 자연스럽게 부채꼴의 넓이를 떠올리며 원뿔의 옆넓이를 구할 수 있습니다.

체험이 중요한 이유

한 중학생이 직육면체의 겉넓이를 구하는 문제를 풀지 못하겠다고 합니다. 문제집에 있는 직육면체의 겉넓이를 구하는 공식

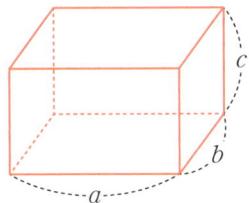

$$S=2(ab+bc+ca)$$

가 있는데 이 공식을 배운 적이 없다며 이해가 가지 않는다고 합니다. 이 학생에게 직육면체를 하나 가져다주고 직육면체의 겉면이 무엇이냐고 물었습니다. 이 학생이 겉면을 말하고는 자기 손에 있는 직육면체의 겉넓이를 구할 수 있다고 하였습니다.

이 학생에게는 가로, 세로, 높이가 각각 a, b, c인 직육면체의 겉넓이를 구하는 공식 $S=2(ab+bc+ca)$가 필요한 것이 아니었습니다. 이 학생에게 필요한 것은 직육면체를 직접 보고 자신이 직접 겉넓이가 무엇인지 알고 스스로 겉넓이를 구하는 것입니다.

이렇게 간단한 문제임에도 불구하고 풀지 못하던 문제를 체험을 통해 이해하여 풀 수 있게 되고 더 나아가 어려운 문제까지도 해결 방법을 찾아 풀 수 있게 됩니다. 구체적인 상황을 떠올려 가며 공부하면 이해하지 못할 공식이 없고, 풀지 못할 문제도 없어집니다. 이 이야기는 도형에 한정된 것이 아니라 수학의 모든 영역에 적용되는 이야기입니다.

새로운 내용을 잘 이해하지 못하는 학생들의 공통점은 그 내용에 대한 체험이 부족하다는 것입니다. 예를 들어, 중학교에서 문자로 된 분수식을 배워도 이해하지 못하고 계산을 못 하는 학생들에게 초등학교에서 배운 분수에 대해 질문을 해 보면,

이유를 알 수 있게 됩니다. 초등학생 때 분수 단원을 공부하면서 숫자로 된 분수의 계산을 하면서 분수 개념에 대한 뇌가 발달해야 하는데 그 과정이 제대로 이루어지지 않았다는 것을 알 수 있습니다. 분수의 숫자 계산을 할 때 뇌 활동이 되지 않는 단순 계산만 한 것입니다. 뇌 활동이 되려면 단순 계산이 아니라 각 계산 단계마다 왜 그렇게 계산하는지 개념을 습관처럼 떠올려야 합니다.

뇌가 체험하지 못하고 외운 지식은 쉽게 잊고 뇌 발달도 안 됩니다. 즉 체험하지 못하면 지식과 능력 모두 부족하게 됩니다. 때문에, 차근차근 체험하면서 공부하는 것이 중요합니다. 저학년 수학부터 차례차례 체험하며 공부하면, 더 이상 이해하지 못할 수학 개념은 없습니다.

현장 체험을 통해 배운 내용은 이해와 기억에 가장 좋은 결과를 가져오지만, 시간과 공간의 제약 때문에 항상 그런 방법을 사용할 수는 없습니다. 이런 상황에서는 뇌가 간접적으로 체험하는 방법으로 공부하는 방법을 찾아야 합니다. 심지어 공식을 공부할 때도 뇌가 체험하도록 할 수 있습니다. 예를 들어, 다음과 같이 공식 유도를 체험해 보는 것이 그 예입니다.

등차수열 공식 유도 체험

등차수열은 수열 중 가장 쉬운 수열입니다. 초항이 a이고 공차가 d인 등차수열의 일반항은

$$a_n = a + (n-1)d$$

입니다. 이 공식을 그냥 외우면 체험 학습이 아닙니다. 여러 가지 등차수열을 만들어 보다 보면 일반항이 $a_n = a + (n-1)d$로 표현됨을 깨닫는 순간이 옵니다. 즉 직접 등차수열을 만들어 보는 것이 체험입니다.

공차가 1인 등차수열을 만들어 보고,
공차가 3인 등차수열을 만들어 보고,

공차가 $\frac{1}{2}$인 등차수열을 만들어 보고,

공차가 $-\frac{2}{3}$인 등차수열을 만들어 보고,

⋮

이를 계속하다 보면 식 $a_n = a + (n-1)d$가 저절로 익숙해지는 순간이 옵니다. 그 이후부터는 이 식을 사용하여 일반항을 구하는 것입니다. 체험하고 깨닫고 나서 결과(공식)를 사용하면 문제를 풀지 못하거나 오답을 내지 않습니다. 반면에 깨닫기 전에 공식을 외워서 사용하면 나의 지식으로 소화되지 못하기 때문에 아는 것이 아닙니다. 이 때문에 풀지 못하는 문제도 있고 공식을 잘못 적용해서 오답이 생깁니다.

성적 차이를 만드는 개념 공부 방법

성적 차이를 만들어내는 개념 학습의 예를 살펴보겠습니다.

'네 변의 길이가 모두 같은 사각형'을 마름모라고 합니다. 하위권 학생들은 이 정의를 그대로 외우고 바로 다음 내용으로 넘어갑니다. 반면, 상위권 학생들은 마름모의 개념을 처음 접하는 순간부터 여러 가지 경우를 만들어가며 따져봅니다.

1. 마름모의 정의를 만족하는 사각형은 사다리꼴이 될 수 있을까?
2. 반대로, 사다리꼴이 마름모가 될 수 있을까?
3. 직사각형이나 정사각형도 마름모가 될 수 있을까?
4. 마름모이면 반드시 직사각형이나 정사각형이 되어야 할까?

이처럼 상위권 학생들은 마름모가 어떻게 생긴 사각형인지 감을 잡은 후, 마름모의 성질을 탐구하기 시작합니다. 이때도 같은 방식으로 접근합니다.

마름모의 두 대각선은 서로 다른 대각선을 수직 이등분한다. 그렇다면

1 이 성질이 사다리꼴이나 직사각형에서도 성립할까?
2 마름모의 정의를 만족하는 사각형만이 이 성질을 가지는 것일까?

이처럼 충분히 따져보고 완전히 이해되었다는 확신이 들면 문제 풀이를 시작합니다. 반면, 하위권 학생들은 개념을 따져보며 공부하지 않고 단순히 외운 후에 문제를 풀기 시작합니다.

활용 문제를 풀 수 있는 개념 공부 방법

그렇다면, 개념을 어떻게 공부해야 활용 문제까지 해결할 수 있을까요? 핵심은 배운 개념을 나의 주변 현실 속에서 구체적인 예와 연결하는 것입니다. 예를 들어, 속력에 대한 개념을 배웠다면, 시간과 거리의 관계를 실제 생활 속에서 찾아보아야 합니다.

1 시속 50km로 두 시간 달리면 얼마나 갈까?
2 내가 아침에 학교에 걸어갈 때 걸음의 속력은 얼마일까?
3 집에서 학교까지 걸어서 20분 걸리는데, 집에서 학교까지의 거리가 얼마일까?
4 고속버스로 서울 버스 터미널에서 대전까지 2시간 걸렸는데, 이 버스의 속력은 얼마일까?

이런 예들을 여러 개 만들다 보면 '나 이제 알겠다.'라는 순간이 옵니다. 이렇게 공부해야 활용 문제를 풀 수 있습니다.

백분율(%)이나 통계 개념도 마찬가지입니다. 분수, 비와 비율 역시 현실 속에서 다양한 예를 떠올려 가며 공부해야 합니다. 개념과 현실이 연결되지 않으면 활용 문제를 푸는 것이 어렵습니다.

이를 이해하기 위해 초등학교에서 배우는 분수를 예로 들어 보겠습니다. 분수는 여러 학년에 걸쳐 학습하는 개념입니다.

> 초등학교 3학년: 분수와 소수
> 초등학교 4학년: 분모가 같은 분수의 덧셈과 뺄셈
> 초등학교 5학년: 분수의 약분, 분모가 다른 분수의 통분과 덧셈, 뺄셈, 분수의 곱셈
> 초등학교 6학년: 분수의 나눗셈

중학생이 된 후에도 분수 개념은 계속 활용되지만, 초등학생 때 배운 분수 $\frac{1}{8}$의 개념을 명확하게 설명할 수 있는 중학생은 열 명 중 한두 명에 불과합니다. 한 걸음 더 나아가 $\frac{3}{8}$의 뜻을 아는 학생은 찾기 힘듭니다. 이런 질문에 답을 정확하게 하는 학생은 처음 분수의 정의를 공부할 때 여러 경우를 따져본 학생입니다.

따진다는 것은 구체적인 예를 만들어 보는 것이죠. 피자 한 판을 똑같은 크기의 여덟 조각으로 나눈 한 조각이 피자 한 판의 $\frac{1}{8}$이고, 이런 조각이 3개면 피자 한 판의 $\frac{3}{8}$임을 따져봅니다. $\frac{1}{8}$조각이 4개면 $\frac{4}{8}$인데, 네 조각이면 피자 한 판의 반인 $\frac{1}{2}$과 같습니다. 따라서 따져보다 보면 $\frac{4}{8}=\frac{1}{2}$임을 스스로 알아낼 수 있습니다.

이처럼 개념을 배울 때 단순히 공식만 외우는 것이 아니라, 다양한 예를 만들어 가며 직접 따져보면 활용 문제가 어렵지 않습니다.

개념을 깊이 이해하는 것이 수학 공부의 핵심

수학을 잘하는 학생들은 새로운 개념을 접할 때 단순히 외우지 않습니다. 그 개념을 완전히 이해했다고 느낄 때까지 다양한 예를 만들어 보며 스스로 확인하는 과정을 거칩니다. 개념이 확실히 자리 잡히면, 이후의 문제 풀기도 훨씬 수월해지고, 활용 문제에서도 자연스럽게 해결 방법을 떠올릴 수 있습니다.

결국, 수학 성적의 차이는 개념을 얼마나 깊이 이해하고 활용할 수 있는지에서 비롯됩니다.

학생들은 왜 교과서로 개념 공부를 안 할까?

학생들이 개념 설명을 접할 기회는 최소한 세 번 정도 있습니다. 학교 수업 시간, 집에서의 복습 그리고 문제집으로 공부할 때 요약된 설명 읽기입니다. 물론 사교육을 받는 학생은 설명을 듣는 기회가 한 번 더 있습니다. 강의의 설명 속도는 뇌가 내용을 충분히 이해할 수 있는 속도보다 빨라서 학생들은 설명 들은 내용을 혼자서 복습하게 되며, 문제집의 문제를 풀기 시작할 때 문제집 단원 시작 부분을 다시 읽으며 잊었던 개념을 다시 생각하게 됩니다.

교과서는 원리 위주로 용어의 개념과 공식을 설명하고 있습니다. 참고서는 문장이 간단하고 원리보다는 결과 중심으로 정리하여 놓았습니다, 문제집에는 문제 풀기에 필요한 공식 모두를 일목 요연하게 나열하여 놓았습니다. 대체로 문제집의 공식은 교과서의 공식보다 더 많습니다. 학생들은 교과서에 있는 공식만으로 풀 수 없는 문제가 문제집에 꽤 있다고 인식하고 있습니다. 이는 사실이 아닙니다.

　교과서에는 모든 문제를 해결할 수 있는 기본적인 최소 내용을 원리와 함께 설명해 놓았는데 이 원리를 알아내기가 쉽지 않습니다. 원리를 찾아가며 공부하는 습관이 없기 때문입니다. 이 원리를 알아내는 학생을 주변에서 '천재'라고 부르곤 합니다. 그런데 누구나 바르게 공부하면 이런 원리를 찾는 능력이 생깁니다. 개념 공부 전체를 교과서로 하는 학생은 교과서에 있는 공식만으로 모든 문제를 풀 수 있는 능력이 형성되고 발달합니다. 따라서 이렇게 교과서로만 개념 공부를 하면 내용을 이해하고 문제를 풀기가 처음에는 느리다가 나중에는 더 빨라지죠.

　당연히 교과서 내용만 가지고 문제를 해결하려고 하면 처음에는 해결이 쉽지 않은 문제들이 등장합니다. 이런 문제를 해결하는 원리를 찾아내어 문제를 해결하기 시작하면 모든 문제를 해결하는 능력이 발달하게 됩니다. 교과서로 개념 공부를 제대로 하면 문제집을 한 권만 풀고도 좋은 성적을 받을 수 있는 이유입니다.

　참고서에는 그 단원에 등장하는 모든 문제를 해결할 수 있는 모든 공식이 나열되어 있지만, 그 대신 공식의 등장 배경이나 원리, 중간 과정에 대한 설명이 생략되어 있어서 이해하기보다는 그대로 받아들이게 됩니다. 참고서에 제시된 모든 공식을 외우고 있다면 그 문제집의 문제를 풀 수 있게 됩니다. 그러나 이 경우는 교과서로 공부할 때보다 외워야 하는 양이 많으며, 문제를 풀 때 원리를 생각하는 것이 아니고 외운 공식에 대입하여 문제를 해결합니다. 이런 이유로 처음 보는 유형의 문제와 활용 문제 해결에 어려움을 겪습니다. 더 큰 문제점은 사고력이나 문제 해결 능력이 발달하지 않는다는 것입니다.

교과서로 개념 공부를 하면 책을 읽고 원리를 터득하여 결론을 찾아내야 하는 어려움이 있습니다. 이 과정을 통해 뇌가 활성화되면서 발달합니다. 이렇게 발달한 뇌는 그 단원의 모든 문제를 풀 수 있는 만능열쇠인 문제 해결 능력을 얻게 됩니다. 잘 정리되어 있어서 공부하기 편한 참고서에 있는 요약 설명으로 개념을 공부하면 처음부터 일정 수준까지는 문제가 잘 풀리지만 그 이상이 되면 해결하지 못하는 문제가 등장합니다. 문제 해결 능력이 제대로 발달하지 못했기 때문입니다. 특히 긴 문장으로 설명된 활용 문제 풀기를 할 때 식을 세우지 못하는 어려움을 겪습니다.

교과서로 한 단원을 공부하고 나서 내용을 스스로 정리하여 적어 보면 자신이 공부를 제대로 했는지를 판단할 수 있습니다. 학생이 공부한 내용을 정리하여 적은 내용을 문제집의 단원 시작 부분에 있는 것과 비교하여 보면 자신이 문제 풀기를 시작해도 되는지 판단할 수 있게 됩니다. 정리된 내용을 받아들이는 것은 뇌 활동이 거의 일어나지 않아 뇌 발달이 없고, 공부하는 것이 아님을 유념하여야 합니다.

알았던 개념조차 시험 때는 생각하지 못한다.

학생들이 시험을 볼 때, 이미 알았던 내용조차 생각해 내지 못하는 경우가 많습니다. 왜 그럴까요? 학생들은 개념을 어느 정도 이해했다고 생각하면 문제를 많이 풀면서 풀이 방법을 외웁니다. 그러다 보면 원래 공부했던 개념은 잊어버리는 경우가 많습니다. 이런 학생들이 대다수입니다.

이런 현상을 관찰할 수 있는 대표적인 예입니다.

$$3(a+b)=3a+3b$$

가 되는 이유를 이 식을 처음 배울 때는 학생들이 접합니다.

$$\begin{aligned}3(a+b)&=3\times(a+b)\\&=(a+b)+(a+b)+(a+b)\\&=a+a+a+b+b+b\\&=3a+3b\end{aligned}$$

일반적으로

$$m(a+b)=ma+mb$$

이고 이를 **분배법칙**이라고 합니다.

이렇듯 분배법칙을 처음 배울 때는 분배법칙의 원리를 이해합니다. 그런데 분배법칙을 사용하여 문제를 풀면서 분배법칙의 공식 $m(a+b)=ma+mb$는 기억하고, 이해했던 원리는 잊습니다.

원리를 잊으면 고등학교 수학 문제를 풀 때 복잡한 식을 정리하는 과정에서 분배법칙을 이용해야 하는 단계에서 원리를 몰라서 분배법칙을 생각해 낼 수 없습니다. 학생에게 중학교 1학년 때 배운 분배법칙을 사용하면 되는 문제라고 알려주면 '생각하지 못했어요'라고 합니다.

문제를 풀면서 개념을 잊어버리는 이유는 문제를 풀 때 개념을 떠올리지 않고 식에만 의존하는 습관 때문입니다.

개념을 사용하여 문제를 푸는 것과, 단순히 식에 의존하는 것의 차이를 보여주는 예입니다. 이 예를 통해, 학생들이 개념을 활용해야 문제를 더 쉽게 풀 수 있음을 이해할 수 있습니다. 초등학교 문제나 중학교 저학년 문제는 개념 사용 여부가 큰 차이를 만들지 않습니다. 다음은 중학교 3학년 문제입니다.

이차방정식 $6x^2+7x-3=0$의 해가 a, b이고 $a>b$일 때, $18b^2+21b+5$의 값을 구하시오.

학생들의 가장 흔한 풀이 방법입니다.

$$6x^2+7x-3=0$$

$(2x+3)(3x-1)=0$

$2x+3=0, 3x-1=0$

$x=-\dfrac{3}{2},\ x=\dfrac{1}{3}$

그런데 $a>b$이므로 $b=-\dfrac{3}{2}$이다.

따라서

$$\begin{aligned}18b^2+21b+5&=18\times\left(-\dfrac{3}{2}\right)^2+21\times\left(-\dfrac{3}{2}\right)+5\\&=18\times\left(\dfrac{9}{4}\right)-\dfrac{63}{2}+5\\&=\dfrac{81}{2}-\dfrac{63}{2}+5\\&=14\end{aligned}$$

이다.

이번에는 늘 개념부터 생각하는 학생의 풀이 방법입니다.

b가 이차방정식 $6x^2+7x-3=0$의 해이므로 $6b^2+7b-3=0$이다. 따라서

$6b^2+7b=3$

이고

$$\begin{aligned}18b^2+21b+5&=3(6b^2+7b)+5\\&=3\times 3+5\\&=14\end{aligned}$$

이다.

b가 방정식의 해(근)라는 개념을 사용하면 간단히 해결되는 문제인데 개념을 생각하지 않고 문제 푸는 방법부터 떠올리면 불필요한 계산으로 어마어마한 시간을 낭비하게 되는 예입니다.

학년이 올라 갈수록 개념의 사용 여부는 문제를 풀 때 더 큰 차이를 만듭니다. 고

등학교 1학년 문제를 살펴보겠습니다.

ω가 $x^2+x+1=0$의 한 허근일 때, $2x^4+4x^2+2x+7$의 값을 구하여라.

개념을 사용하지 않는 학생의 풀이법입니다.

풀이 1

이차방정식의 근의 공식을 이용하면

$x^2+x+1=0$의 두 근은 $\dfrac{-1+\sqrt{3}i}{2}$, $\dfrac{-1-\sqrt{3}i}{2}$이다.

이 둘 중 하나를 식 $2x^4+4x^2+7$에 대입하여 계산한다.

$$2x^4+4x^2+7=2\left(\dfrac{-1+\sqrt{3}i}{2}\right)^4+4\left(\dfrac{-1+\sqrt{3}i}{2}\right)^2+2\left(\dfrac{-1+\sqrt{3}i}{2}\right)+7$$
$$=\cdots$$
$$=3$$

이 풀이는 계산하는 시간이 너무 오래 걸려서 시험 시간 중에는 사용하기 곤란한 풀이 방법입니다. 이 방법으로 이 문제를 푸는 학생은 계산 시간이 너무 오래 걸려서 문제 풀기를 포기합니다. 다음은 개념을 사용하는 경우의 풀이법입니다.

풀이 2

ω가 $x^2+x+1=0$의 한 허근이므로

$\omega^2+\omega+1=0$

이므로 $\omega^2=-\omega-1$이다. 따라서

$\omega^4=(\omega^2)^2$
$\quad=(-\omega-1)^2$
$\quad=\omega^2+2\omega+1$

이다. 그러므로

$$2\omega^4+4\omega^2+2\omega+7=2(\omega^2+2w+1)+4\omega^2+2\omega+7$$
$$=6\omega^2+6\omega+9$$
$$=6(\omega^2+\omega+1)+3$$

그런데 $\omega^2+\omega+1=0$이므로

$$2\omega^4+4\omega^2+2\omega+7=3$$

이다.

이어서 최상위권 학생의 풀이법을 소개하겠습니다.

풀이 3

$\omega^2+\omega+1=0$이므로

$$(\omega-1)(\omega^2+\omega+1)=0$$
$$\omega^3-1=0$$
$$\omega^3=1$$

이다. 따라서 $\omega^4=\omega^3\cdot\omega=1\cdot\omega=\omega$이다.

$$2\omega^4+4\omega^2+2\omega+7=2\omega+4\omega^2+2\omega+7$$
$$=4\omega^2+4\omega+7$$
$$=4(\omega^2+\omega+1)+3$$
$$=3$$

이다.

학년이 올라갈수록, 문제가 어려울수록 개념의 사용 여부는 더 커다란 차이를 만듭니다.

개념을 사용하면 풀리고 개념을 사용하지 않으면 풀지 못하는 문제도 있습니다.

원주각의 크기가 중심각 크기의 $\frac{1}{2}$임을 보여라.

중학교 3학년 때 배우는 원주각과 중심각의 관계는 모르는 학생이 없을 정도로 쉬운 내용입니다. 원주각 크기가 왜 중심각 크기의 $\frac{1}{2}$이 되는지 안다면 이 단원의 모든 문제를 풀 수 있습니다. 다시 한번 강조합니다.

원주각의 크기가 중심각의 크기의 $\frac{1}{2}$이라는 사실을 알면 이 단원의 많은 문제를 풀 수 있습니다. 더 나아가 원주각 크기가 왜 중심각 크기의 $\frac{1}{2}$이 되는지 안다면 이 단원의 모든 문제를 풀 수 있습니다.

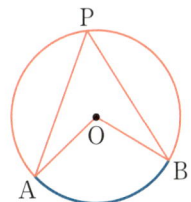

∠APB는 호 $\overarc{AB}$의 원주각이고,
∠AOB는 호 $\overarc{AB}$의 중심각입니다.
∠APB=$\frac{1}{2}$∠AOB임을 보여야 합니다.

중학교 3학년 문제인 이 문제를 고등학교 1학년 이상의 학생에게 풀어 보라고 하였더니 해결하는 학생이 거의 없습니다. 공부할 때는 아주 쉽게 이해했는데 스스로 하려니 아무런 해결의 실마리를 잡지 못합니다. 그런데 이 문제를 간단히 해결하는 학생이 있습니다. 개념을 문제 풀이에 사용할 줄 아는 학생이죠. 개념을 어떻게 사용하는지 알아보겠습니다.

이 문제에 등장하는 용어는 원, 원주각, 중심각 세 개뿐입니다. 우선 원의 개념을 생각해 보죠. 문제를 풀 때 늘 개념을 생각하는 학생은 이 문제 해결을 위해 원의 개념 말고 다른 개념을 사용할 것이 없다는 것은 쉽게 알아낼 수 있습니다.

원의 개념으로부터 도형에서 점 O로부터 세 점 A, B, P까지 거리가 모두 같습니다. 원 위에는 단지 세 점뿐입니다. 점 O로부터 두 점 A, B까지는 이미 연결되어 있으므로 점 O로부터 점 P까지 거리가 반지름이라는 사실을 이용할 수 있습니다. 이 문제는 선분 OP를 그어야 한다는 것만 생각해 내면 거의 해결이 되는 문제입니다. 나머지 과정은 단순 계산에 불과합니다.

이제 선분 OP를 그으면 두 삼각형 △AOP와 △BOP는 모두 이등변삼각형입니다. 문제가 원주각과 중심각의 관계를 묻는 문제이므로 원주각과 중심각의 관계는 찾아보죠. 중심각은 두 삼각형 △AOP와 △BOP의 외각의 합이 됩니다.

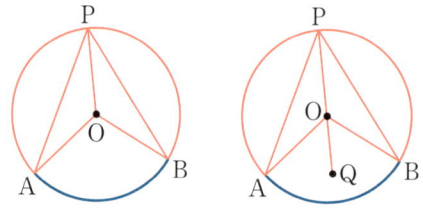

$$\angle AOB = \angle AOQ + \angle BOQ \text{ (점 Q는 선분 } \overline{PO} \text{의 연장선 위의 점)}$$
$$= (\angle OAP + \angle OPA) + (\angle OBP + \angle OPB)$$
$$= 2(\angle OPA + \angle OPB)$$
$$= 2\angle APB$$

입니다. 그러므로

$$\angle APB = \frac{1}{2} \angle AOB$$

입니다.

이 문제를 풀 때, 원의 개념을 떠올리지 않으면 해결 방법을 찾을 수 없습니다. 이런 기본적인 생각을 하지 않고, 풀이 방법을 그냥 외워야 한다고 생각하면 수학이 정말 어렵고 부담스러워질 수 있습니다.

문제를 풀 수 있는지 없는지에 대한 확실한 기준이 개념임을 보여주는 예가 있습니다. '짝수의 제곱은 짝수임을 보여라.'라는 문제는 누구나 쉽다고 생각합니다. 그러나 정작 답을 적어보라고 하면 이 문제를 푸는 학생은 거의 없는 실정입니다. 짝수의 개념을 모르기 때문이죠. '짝수의 제곱은 짝수임을 보여라.'라는 문제에서 짝수의 개념을 이용한 문제 풀이는 나중에 다시 다룰 기회가 있습니다.

개념 공부는 결국 전문가가 되는 과정입니다.

개념을 제대로 이해하려면, 그 개념이 적용될 수 있는 상황을 모두 생각해 보고, 다양한 경우를 분석해 봐야 합니다. 그렇게 하면 어느 순간 "이제 됐다!"라는 느낌이 올 것입니다. 이 시점이 개념에 대해 전문가 수준에 가까운 시점입니다. 이 수준에 이르러야 문제를 풀어 볼 준비가 된 것입니다. 상위권 학생들은 이 타이밍을 잘 알고 하위권 학생들은 모르는 경우가 많습니다. 그 이유는 하위권 학생들이 개념 공부를 제대로 하지 않기 때문입니다.

2. 공식 공부

수학 문제를 풀 때 공식의 사용은 피할 수 없습니다. 그런데 같은 공식도 어떻게 공부하느냐에 따라서 풀 수 있는 문제의 수준이 달라집니다. 많은 학생이 공식을 단순히 외우기만 하는데, 이렇게 공부하면 활용 문제는 어려울 수밖에 없습니다.

예를 들어 보겠습니다. 만약 초등학생이 중학교 3학년 과정에서 배우는 인수분해 공식 다섯 개를 모두 암기했다고 가정해 보겠습니다. 이 초등학생은 중학교 2학년 과정의 내용을 배우지 않은 상태에서 중학교 3학년 수준의 공식을 외울 수는 있지만, 이를 깊이 이해하기는 어렵습니다. 인수분해 공식을 완벽하게 암기했다고 해도 문제집의 인수분해 단원 문제를 얼마나 풀 수 있을까요? 공식과 거의 동일한 형태의 문제는 풀 수 있을지 모르지만, 공식의 변형이 필요한 문제나 활용 문제는 해결하기 어려울 것입니다.

공식을 얼마나 이해했는지가 문제 해결력을 결정합니다.

학생마다 공식의 이해 정도에는 차이가 크며, 이 이해 수준에 따라 공식의 활용 범위가 정해지고 풀 수 있는 문제의 범위도 결정됩니다. 하지만 중요한 점은 중하위권 학생들이 공식을 어설프게 이해하고 있으면서도 이를 충분히 알고 있다고 착각하는 경우가 많다는 것입니다. 공식에 대한 이해 수준이 그대로라면, 아무리 많은 문제를 풀어도 풀 수 있는 문제의 범위는 달라지지 않습니다.

공식을 공부하는 방법으로 외우기, 이해하기와 유도하기가 있습니다. 중학교 3학년 때 $(a+b)^2$의 계산을 배웁니다. $(a+b)^2$을 계산하라고 하면 처음 답변을 a^2+b^2이라고 답하는 학생이 꽤 있습니다. 틀린 답입니다. 완전제곱 공식

$$(a+b)^2 = a^2 + 2ab + b^2$$

을 모르기 때문이죠. 외우고 있으면 단순 계산이 가능합니다. 이 공식을 이해한다는 것은 책에 있는 곱셈의 개념을 이용하여 과정이 있는 설명

$$(a+b)^2 = (a+b)(a+b)$$
$$= a(a+b) + b(a+b)$$
$$= a^2 + ab + ba + b^2$$
$$= a^2 + 2ab + b^2$$

을 단계별로 이해하면서 공부하는 것입니다.

유도하기는 등식의 좌변인 $(a+b)^2$만을 연습장에 쓰고서 개념을 사용하여 위의 계산을 스스로 하여 우변 $a^2+2ab+b^2$을 계산해 내는 것입니다. 이렇게 학생이 스스로 유도하면 식을 일부러 외우지 않아도 기억되죠. 이렇게 스스로 유도한 공식은 오래 기억됩니다.

공식을 유도하여 기억한 학생과 단순히 외운 학생은 문제를 풀 때 활용 범위에 큰 차이가 있습니다. 이해 없이 단순히 공식을 외운 학생은 공식을 그대로 이용하여 계산하는 문제 이외의 다른 문제에서는 어려움을 겪게 됩니다. 활용 문제, 특히 도형이나 문장으로 주어진 문제를 푸는 데 어려움이 있습니다.

수학 문제를 분석해 보면 공식을 이용한 계산 문제뿐만 아니라 공식의 유도 과정을 묻는 문제도 있고 생활 속 상황으로 묘사된 활용 문제도 있습니다. 이런 문제는 공식을 유도하여 공부한 학생이 훨씬 유리합니다. 수학 공부를 포기한 학생이 아니라면 공식을 이용한 계산을 하지 못하는 학생은 없습니다. 따라서 공식을 이용하여 계산을 잘하는 것만으로는 다른 학생보다 좋은 성적을 받을 수 없습니다.

공식의 유도는 개념을 이용해야 가능하다.

이차방정식의 근의 공식을 유도해 낸 학생은 어떤 형태든 상관없이 모든 이차방정식을 가장 쉬운 방법으로 풉니다. 학생에게 이차방정식의 근의 공식을 유도해 보라고 하면 그걸 어떻게 하냐고 반문합니다. 계수가 숫자로 된 이차방정식, 예를 들어

$x^2-3x+2=0$

$2x^2+3x-2=0$

등은 풀 수 있으면서 같은 이차방정식 $ax^2+bx+c=0$, $a \neq 0$은 계수가 문자라는 이유로 풀지 못한다는 것은 '이차방정식을 푼다.'라는 개념은 모르고 계산만 할 줄 아는 경우일 가능성이 높습니다. 이차방정식 $ax^2+bx+c=0$, $a \neq 0$을 풀면 이차방정식의 근의 공식이 나옵니다.

이차방정식의 근의 공식을 스스로 유도하지 못하는 이유는 이차방정식 단원에 있는 개념들을 제대로 알지 못하거나 개념을 문제 해결에 적용하지 못하기 때문이죠. 개념을 어떻게 사용해야 하는지 알아보기 위해 이차방정식의 근의 공식을 유도하여 보겠습니다.

이차방정식은
상수 a, b, c에 대하여
$ax^2+bx+c=0, a\neq 0$
꼴로 표현되는 방정식입니다.

여기서 이차방정식의 조건 $a\neq 0$에 주목할 필요가 있습니다. 여기까지가 이차방정식의 개념입니다. 이제 개념을 어떻게 사용하여야 하는지 알아보겠습니다.

문제를 해결하기 위해서는 문제에 주어진 조건을 모두 사용해야만 합니다. 이차방정식 $ax^2+bx+c=0, a\neq 0$을 풀려면 a가 0이 아니라는 조건을 사용해야 하는데 이는 0이면 할 수 없는 연산을 $a\neq 0$이므로 할 수 있다는 뜻이죠. 0이면 할 수 없는 연산이 나눗셈입니다. $a\neq 0$인 조건은 a로 나눗셈을 할 수 있다는 의미로 이차방정식을 a로 나누어야 문제가 해결됨을 생각할 수 있죠. 즉 등식 $ax^2+bx+c=0$의 양변을 a로 나누어야 한다는 의미입니다. 물론 a로 나누는 것을 꼭 첫 단계에서 할 필요는 없지만 반드시 a로 나누어야 합니다. 어느 단계에서 a로 나누든 결과는 같습니다.

a로 $ax^2+bx+c=0$의 양변을 나누면
$$x^2+\frac{b}{a}x+\frac{c}{a}=0$$
이 됩니다.

방정식 풀기 첫 단계는 미지수가 포함된 항은 등식의 한쪽으로 나머지 항들은 등식의 반대쪽으로 이항하기입니다. 이는 중학교 1학년 때 일차방정식을 공부할 때 배운 내용입니다. 미지수 x가 포함된 항은 등식의 좌변으로 나머지는 우변으로 이항하면

$$x^2 + \frac{b}{a}x = -\frac{c}{a}$$

입니다. 여기서 좌변은 x에 관한 이차식입니다. 이차방정식의 단원 시작 부분에 설명된 제곱근의 뜻을 생각하면 좌변을 일차식의 제곱으로 만들어야 합니다. 완전제곱식을 만들고 제곱근을 구하고 식을 정리하면 근의 공식을 얻습니다.

완전제곱식을 만들기 위해 x의 계수 $\frac{b}{a}$의 반인 $\frac{b}{2a}$의 제곱 $\left(\frac{b}{2a}\right)^2$을 양변에 더하면

$$x^2 + \frac{b}{a}x + \left(\frac{b}{2a}\right)^2 = -\frac{c}{a} + \left(\frac{b}{2a}\right)^2$$

입니다. 좌변은 완전제곱으로 만들고, 우변은 통분하여 식을 정리하면

$$\left(x + \frac{b}{2a}\right)^2 = \frac{b^2 - 4ac}{4a^2}$$

를 얻습니다. 이제 제곱근의 정의와 식의 계산을 통해 근의 공식을 얻습니다.

$$x + \frac{b}{2a} = \pm\sqrt{\frac{b^2-4ac}{4a^2}}$$

$$x = -\frac{b}{2a} \pm \frac{\sqrt{b^2-4ac}}{2a}$$

$$x = \frac{-b \pm \sqrt{b^2-4ac}}{2a}$$

근의 공식을 유도하는 것은 일반적인 이차방정식을 푼다는 의미이므로 방정식의 개념과 방정식을 푼다는 의미를 이용하면 근의 공식을 유도할 수 있습니다. 계수가 숫자로 된 이차방정식은 풀 수 있는데 계수가 문자인 이차방정식 $ax^2 + bx + c = 0$,

$a \neq 0$을 푸는 근의 공식 유도는 하지 못한다는 것은 이차방정식 단원에서 배운 개념이 불완전하거나 개념을 활용할 줄 모른다는 증거이죠. 계수가 숫자든 문자든 이차방정식을 풀 때 필요한 개념은 같기 때문입니다.

중학생 때에는 공식의 활용이 그 단원의 문제 풀기만으로 한정됩니다. 그러나 고등학생이 되면 상황이 달라집니다. 한 예로 중학교 3학년 때, 2차 방정식의 근의 공식을 배웁니다. 중학생 때는 인수분해가 되지 않는 2차 방정식의 근을 구할 때 근의 공식을 이용합니다. 따라서 중학생 때는 근의 공식을 유도하여 가며 공부한 학생과 근의 공식을 외워서 공부한 학생의 공식 활용 범위는 큰 차이가 없습니다.

근의 공식을 스스로 유도하면서 공부한 학생은 고등학교 1학년 때에 배우는 이차방정식의 판별식을 스스로 알아내는 데 어려움이 없을 뿐만 아니라, 이차함수의 그래프, 이차부등식, 미분을 이용한 극댓값, 극솟값이나 최댓값, 최솟값 등 공식의 활용 범위가 다양합니다. 그러나 근의 공식을 이해 없이 외운 학생은 판별식의 활용이 이차방정식의 해의 존재 여부를 판별하는 데에 그칩니다.

공식! 외우는 것이 아니라 스스로 유도하고 이해하는 것입니다.

이차방정식의 근의 공식을 스스로 유도하지 못하고 외워야만 가능하다는 생각은 수학 공부를 바르게 할 줄 모르는 학생의 생각입니다. 이차방정식의 단원 첫 부분부터 잘 이해하면서 단원의 맨 마지막에 있는 이차방정식 근의 공식 전까지 공부하였다면 당연히 근의 공식을 스스로 유도할 수 있습니다. 근의 공식을 스스로 유도할 수 없다면 내용 공부가 불완전한 것임을 깨달아야 합니다.

근의 공식을 스스로 유도해 낸 학생은 이차방정식에 관련된 어떠한 문제도 모두 풀 수 있습니다. 그러면 문제를 많이 풀어 볼 필요도 사라지죠. 간혹 문제를 얼마 풀지도 않는데 늘 만점 가까운 점수를 얻는 학생은 공식 공부를 이런 방법으로 하는 학생입니다.

직접 공식을 유도 해낸 학생은 공식에 대한 이해도와 활용도, 문제를 마주할 때 자신감, 자신의 공부에 대한 만족도가 모두 높아집니다. 그래서 내용 이해의 완성도가 높고 풀 수 있는 문제의 비율이 높아져 높은 성적이라는 좋은 결과를 낳습니다. 또 다음 학년에 이어서 배우는 내용도 쉽게 이해하게 됩니다.

3. 단원 정리

한 단원의 내용 공부를 처음부터 끝까지 다 했다면 문제 풀기를 시작할 타이밍입니다. 하지만 문제를 풀기 전에 공부한 내용을 잘 정리해 보면 문제를 더 쉽게 풀 수 있고, 문제 푸는 시간을 절약할 수 있습니다. 또한 공부 능률이 높아지고 실력이 향상되는 효과도 있습니다.

옷장이 정리가 잘 되어 있다면 원하는 옷을 쉽게 찾을 수 있고, 잘 정리된 주방에서는 필요한 재료와 도구를 바로 찾아 사용할 수 있는 것처럼, 공부한 내용을 뇌 속에 잘 정리 해두면 문제를 읽고 풀 때 필요한 개념이나 공식을 정확하고 빠르게 찾을 수 있습니다. 옷장이 정리가 잘 되어 있다면 옷 하나를 옷장에 추가할 때 적당한 위치를 쉽게 정할 수 있는 것처럼, 이미 공부한 내용의 정리가 잘 되어 있으면 새로 배우는 내용을 추가하여 전체를 체계적으로 정리하는 것도 쉽습니다. 따라서 진도를 나가도 공부 부담이 별로 가중되지 않습니다.

한 단원을 공부한 후, 그 단원 전체 내용을 하나의 이야기처럼 설명할 수 있다면 단원 정리가 잘 된 것입니다. 진도를 나가면서 동시에 단원 정리를 하는 학생이 간혹 있는데, 이런 학생이 아니라면 의도적으로 이 과정을 해 볼 필요가 있습니다. 연습장에 단원의 제목을 적고, 소제목을 차례대로 써보세요. 각 소제목에 등장하는 중요한 용어와 문제 풀이에 필요한 공식이나 성질, 정리도 적어봅니다. 그런 후, 자신이 정리한 내용을 문제집의 단원 시작 부분과 비교하며 점검해 보세요.

단원 정리를 의도적으로 하는 학생은 드뭅니다. 수학 성적이 좋은 학생들은 한 단원의 내용을 처음부터 끝까지 이야기처럼 설명할 수 있습니다. 이런 학생들은 문제를 풀 때 필요한 개념이나 용어를 쉽게 찾습니다. 만약 단원 정리가 자연스럽게 되지 않는다면, 의도적으로 정리하는 습관을 들여보세요. 이를 통해 한 단원의 내용을 체계적으로 이해하는 습관이 생기고, 내용 전체를 기억하는 데 큰 도움이 됩니다.

개념 공부부터 시작해 문제집의 활용 문제까지 풀면, 학생은 한 단원의 공부를 끝낸 셈입니다. 이 시점에서 공부한 내용이 명확하게 정리되어야 바르게 공부한 것입니다. 배경지식부터 정의, 성질, 공식까지 한 단원의 전체 내용을 체계적으로 알고 있으면, 다음 학년에서 같은 내용을 공부할 때도 쉽게 접근할 수 있습니다. 반면, 한 단원의 내용을 낱낱이 외우기만 했다면 시험이 끝난 후 일주일 만에 대부분 잊어버리게 되고, 다음 학년에서 어려움을 겪게 됩니다.

단원 정리를 한 학생과 그렇지 않은 학생이 문제를 풀 때 어떤 차이가 있는지 중학교 인수분해 문제 하나를 살펴보겠습니다.

$10ax^3 + 35ax^2 + 15ax = 0$을 인수분해 하여라.

중학교 3학년 학생들이 인수분해 공식 다섯 개

$$a^2 + 2ab + b^2 = (a+b)^2$$
$$a^2 - 2ab + b^2 = (a-b)^2$$
$$x^2 + (a+b)x + ab = (x+a)(x+b)$$
$$acx^2 + (ad+bc)x + bd = (ax+b)(cx+d)$$

를 잘 기억하고 문제 풀 때 잘 사용합니다. 그런데 예제에 주어진 식

$$10ax^3 + 35ax^2 + 15ax$$

는 위 다섯 개의 인수분해 공식 중 어느 하나도 바로 적용할 수 없어서 학생이 어려워합니다. 그러나 기본 개념에 충실하거나 단원 정리를 의도적으로 하는 학생에게

이 문제는 어렵지 않은 문제입니다.

인수분해 단원에서 제일 먼저 배우는 내용은 공통인수 묶어내기입니다. 즉

$$ma+mb=m(a+b)$$

입니다. 인수분해 공식 다섯 개를 이용하기에 앞서서 공통인수가 있는지 먼저 찾아보아야 합니다. 개념에 충실하고 단원 정리를 해 본 학생은 이를 잊지 않죠. 이를 잊은 학생 중 단원 정리를 의도적으로 하는 학생은 단원 정리를 할 때 공통인수 찾는 것이 인수분해의 시작이라는 것을 다시 명심하게 됩니다. 이제 $10ax^3+35ax^2+15ax=0$의 공통인수를 찾는 것으로 인수분해를 해 보겠습니다.

식 $10ax^3+35ax^2+15ax=0$에는 3개의 항 $10ax^3$, $35ax^2$, $15ax$가 있습니다. 세 개의 항의 계수는 모두 5의 배수이며, 세 항은 모두 공통인수 a와 x를 가지고 있습니다. 따라서 세 항의 공통인수는 $5ax$입니다. 그러므로 인수분해의 첫 단계는 공통인수로 묶어낸

$$10ax^3+35a^2x+15ax=5ax(2x^2+7x+3)$$

을 찾는 것입니다. 이 식을 찾은 학생은 나머지 단계는 인수분해 공식을 이용하여 아주 쉽게 해결합니다. 학생이 문제를 풀지 못할 때 어려운 식을 몰라서 풀지 못하는 경우보다 기본에 충실하지 않아서 풀지 못하는 경우가 더 많습니다. 많은 문제를 푸는 것보다, 단원 정리 한 번 하는 것으로 기본이 더 충실해지고 풀 수 있는 문제가 많아지며 성적이 좋아집니다.

4. 선수학습

선수학습은 배우려는 내용 공부에 기초가 되는, 이미 알고 있어야 하는 내용의 학습입니다. 선수학습 내용이 바탕이 되어야 새로운 내용을 이해할 수 있습니다.

예를 들어, 중학생에게 초등학교 수학 내용은 선수학습에 해당합니다. 많은 학생이 이러한 선수학습이 부실합니다. 예를 들어, 앞서 질문한 것처럼 아래와 같이 초등학생 때 배운 내용에 관한 질문에 정확히 답할 수 있는 중학생이나 고등학생을 찾기 어렵습니다.

1 2 곱하기 3이 왜 6인가?
2 (가로의 길이)×(세로의 길이)가 왜 직사각형의 넓이인지 설명하여라.
3 약수의 정의가 무엇인가?
4 원주율의 정의를 이야기하라.
5 %가 무엇인지 설명하여라.
6 변량이 무엇인가?

수학은 내용이 단계적으로 연결되어 있기 때문에 선수학습이 부족하면 현재 학년에서 배우는 수학 내용을 제대로 이해할 수 없습니다. 수학 공부가 더 재미있고 효과적으로 느껴지려면, 새 단원을 시작하기 전에 이전 학년에 배운 내용을 복습하는 것이 매우 중요합니다. 그렇게 하면 수학 공부가 훨씬 쉬워지고 학생들의 학습 부담도 줄어듭니다.

그러나 많은 학생이 이전 학년 내용을 복습하는 것을 싫어합니다. 새로운 것을 배우는 것은 흥미 있어 하면서 전에 공부했던 내용을 다시 공부하기는 지겨워합니다. 심지어 저학년 수학을 다시 공부하는 것을 창피해하는 학생도 많습니다. 현실을 직시하고 필요한 선수학습을 해야 합니다. 교과서의 각 단원 시작 부분에는 해당 단원을 배움에 필요한 선수학습의 개념과 간단한 문제들이 있습니다. 최소한 그것들을 복습하는 것이 필요합니다.

만약 이전 학년 내용을 복습했다면, 새로운 단원을 공부할 때 이해가 잘 되고 재미있게 배울 수 있습니다. 일 잘하는 사람은 일을 시작하기 전에 철저히 준비하는 것처럼, 수학도 새로운 단원을 시작하기 전에 이전 학년 내용을 잘 복습하면 새로운 단원 공부가 순조롭게 진행됩니다.

그렇다면 이전 학년의 수학을 어떻게 복습해야 할까요?

가장 현실적인 방법은 교과서를 다시 읽어보는 것입니다. 인터넷을 찾아볼 수도 있지만, 인터넷에는 잘못된 정보가 있을 수 있습니다. 교과서의 장점은 그 단원에서 알아야 할 내용이 모두 제시되어 있다는 점입니다. 새로운 단원을 공부하기 전에 최소한 이전 학년에서 배운 개념과 공식을 충분히 숙지해야 합니다.

이전 학년 내용을 복습하는 데는 많은 시간이 들지 않습니다. 이전 학년 내용을 복습한 학생은 새로운 단원을 쉽고 빠르게 이해하여, 그만큼 공부 시간을 절약할 수 있습니다. 사실, 이전 학년 복습에 드는 시간보다 새로운 단원을 공부할 때 절약되는 시간이 더 많습니다. 복습 없이 새로운 단원의 진도를 나가는 것이 여러모로 더 비효율적입니다.

5. 수학 공부는 계단 오르듯 하라

수학 공부는 마치 계단을 오르는 것처럼 해야 합니다. 초등학교에서는 숫자를 배우고, 중학교에 가면 숫자와 문자가 혼합된 식을 배우기 시작합니다. 그 후 식의 계산과 인수분해를 배우고, 이를 바탕으로 방정식과 함수, 미분과 적분까지 이어집니다. 수학은 초등학교부터 고등학교까지, 배우는 내용이 하나씩 차례대로 연결되어 있습니다. 도형이나 통계 영역도 단계별로 구성되어 있습니다.

12년 동안 배우는 수학을 12층 건물에 비유한다면, 초등학교 1학년 수학은 1층이고, 고등학교 3학년 수학은 12층입니다. 만약 초등학교 수학 공부가 부실하면, 마치 건물의 아래층이 부실하면 12층 건물을 완성할 수 없는 것처럼, 학년이 올라갈수록 공부가 더욱 부실해집니다. 수학 공부를 잘하려면 선행학습이 아니라 선수학습이 더 필요합니다. 저학년 수학이 쉬울 것이라는 생각에 소홀히 하지 말고 틈틈이 복습하면 새로이 공부하는 수학 공부가 쉽고 재미있어집니다.

각 단원은 건물을 오르는 계단처럼 생각할 수 있습니다. 새로운 단원을 시작할 때는 배경지식을 먼저 확인한 후에 진도를 나가야 합니다. 단원의 정의부터 차근차근 이해하고 공식을 스스로 유도하며 익히다 보면, 마치 계단을 한 단계씩 오르는 것처럼 자연스럽게 학습이 진행됩니다. 단원의 마지막 부분도 처음과 마찬가지로 어려움 없이 공부할 수 있게 되며, 학년이 올라갈수록 수학이 완성되어 간다는 느낌이 듭니다. 믿기 어렵겠지만, 내용 공부가 완벽에 가까운 학생은 한 단원에서 끝부분이 제일 쉽고, 고등학교 2학년과 3학년때 배우는 내용이 제일 쉽다고 합니다. 그 이유는 공부의 마감 부분이라 예상되는 내용이 이어지고 새로운 내용이 별로 없기 때문입니다.

중학생이 되어 처음 배우는 내용이 수와 식인데 이를 어려워하는 학생이 꽤 많습니다. 이 학생들에게 초등학교 수학을 질문하여 보니, 초등학교에서 배운 기본 개념이 부족해서 그런 문제가 발생하는 것임을 알 수 있었습니다. 예를 들어, 초등학생 때 분수의 덧셈을 계산만 많이 하고 왜 통분하는지 모른다면, 중학교에서 처음 접하는 문자로 된 분수의 덧셈이 어려운 것은 당연합니다. 수학 공부는 계단을 한 칸씩 올라가는 것이기 때문에, 아래 칸(선수학습)을 밟아야 다음 칸(지금 공부)에 올라서기가 쉽고 편합니다.

중학생과 고등학생을 모두 지도해 본 현직 수학 교사에 따르면 고등학교 수학 수업이 중학교 수업보다 훨씬 편하다고 합니다. 또한, 초등학생과 중학생 모두에게 수학을 가르쳐본 교사가 초등학생을 가르치는 것이 훨씬 어렵다고 합니다. 이는 12층 건물을 지을 때 1층을 완성하기가 다른 층을 완성하는 것보다 가장 할 일이 많은 것과 같은 이치입니다. 고등학교 2학년이나 3학년 때 새로이 배우는 내용은 이전 내용을 잘 알고 있다면 상대적으로 단순합니다. 수학 공부는 고층 건물을 짓는 것처럼 저학년 공부부터 탄탄하게 다지면서 해야 합니다.

제 4 장

영역별 공부 비법

1. 도형(기하학)

　도형 영역은 좋아하는 학생과 싫어하는 학생이 뚜렷하게 구별됩니다. 마찬가지로 잘하는 학생과 잘하지 못하는 학생도 구분됩니다. 도형에 대한 감각을 타고난 학생들은 문제를 쉽게 빨리 푸는 경향이 있는데, 그중에는 실수를 잘하고 비교적 비 노력형 학생이 많습니다. 어릴 때는 도형 영역을 잘하다가 고등학교의 기하 단원처럼 복잡한 경우 실수를 많이 하는 경향이 있습니다. 도형은 남녀의 차이가 어느 정도 있는 영역입니다. 도형 영역을 잘하려면 어떤 점에 주안점을 두고 공부해야 할까요?

(1) 초등학교 도형

　체험하면서 공부하라! 도형을 잘하는 학생과 도형을 잘하지 못하는 학생을 비교하여 살펴보면 황당하기까지 합니다. 평면도형까지는 어느 정도 따라서 하지만 입체도형이 나오면 어떻게 해야 할지 전혀 갈피를 잡지 못하는 학생들이 의외로 많습니다. 직육면체와 직육면체의 전개도를 연결하지 못합니다. 원기둥의 옆면을 펼치면 직사각형인 줄 상상도 하지 못합니다. 원뿔의 옆면이 부채꼴로 만든다는 것도 이해하지 못합니다. 이런 학생은 절대로 "난 왜 이런 것도 못 하지?"라고 생각하지 마세요. 여기에 이런 학생도 도형을 잘하는 방법이 있습니다.

　종이, 가위, 자 컴퍼스 등을 준비하여 만들어 보면서 공부하세요. 혼자서 만들기가 어려우면 다른 사람과 함께 만들어 보아야 합니다. 뇌에 도형 감각이 전혀 없어서 이해하지 못하는 학생은 도형을 만들면서 감각을 만들고, 익숙하게 하여 도형에 대한 감각을 발달시키면 도형을 잘하게 되는 시점을 경험하게 됩니다. 도형을 직접 만들어 보면 도형을 싫어하던 학생들도 신기하다며 재미있어하기도 합니다. 다음날 학생이 전날 체험했던 도형에 대한 감각을 잊었으면 하루 더 만들기를 시행하면 됩니다. 보통 이틀이면 충분하게 이해하기 시작합니다. 체험은 실물이 없이도 설명을 이해할 수 있는 정도로 감각이 익숙해지는 수준까지 하여야 합니다.

(2) 중학교 도형

중학교의 도형에서 주안점은 정의, 성질 그리고 논리입니다. 고등학교 수학은 도형 영역뿐만이 아니라 모든 영역에 걸쳐 논리가 있습니다. 이 논리 훈련은 중학교 도형 단원의 공부를 통하여 형성되고 발달하여야 합니다. 초등학교 도형은 다분히 시각적인 것과 계산에 한정되어 있습니다. 중학교의 도형은 시각적인 정의에 논리적인 전개가 더해집니다. 중학교에서 어떤 논리를 알아야 하는지 중학교 수학의 평행사변형을 예로 들어 알아보겠습니다.

평행사변형의 단원은 정의, 성질과 조건, 문제의 순서로 전개되어 있습니다.

첫째 : 평행사변형의 정의
정의 : 두 쌍의 대변(마주 보는 변)이 각각 평행한 사각형

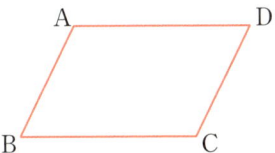

둘째 : 평행사변형의 성질과 조건
성질 : 평행사변형이면
　　　① 두 쌍의 대변의 길이가 각각 같다.

② 두 쌍의 대각의 크기가 각각 같다.
　　　③ 한 쌍의 대변의 길이가 같고 평행하다.
　　　④ 두 대각선은 서로 다른 대각선을 이등분한다.
　조건 : ① 두 쌍의 대변의 길이가 각각 같은 사각형은 평행사변형이다.
　　　② 두 쌍의 대각의 크기가 각각 같은 사각형은 평행사변형이다.
　　　③ 한 쌍의 대변의 길이가 같고 평행인 사각형은 평행사변형이다.
　　　④ 두 대각선이 서로 다른 대각선을 이등분하는 사각형은 평행사변형이다.

셋째 : 문제

　평행사변형에 관한 모든 문제는 평행사변형의 정의, 성질과 조건만을 이용하여 풀 수 있습니다. 정의, 성질과 조건만을 가지고 모든 문제를 풀려면 평행사변형 단원을 어떻게 공부하여야 할까요? 우선 정의, 성질, 조건을 구별하여야 합니다. 그리고 정의, 성질, 조건이 어떤 관계가 있는지 알아야 합니다. 이를 살펴보겠습니다.

　정의를 만족하면 성질을 만족함을 보입니다. 성질 ①의 경우

　　　"사각형에서 두 쌍의 대변이 각각 평행하면(정의를 만족하면)
　　　두 쌍의 대변의 길이가 각각 같다(성질을 만족한다)."

라는 것을 보입니다. 또 반대로 조건을 만족하면 정의를 만족함을 보입니다. 흔히 보인다고 이야기하는 것은 수학에서는 증명한다는 의미로 적을 수 있어야 합니다.

　　　"사각형에서 두 쌍의 대변의 길이가 각각 같으면
　　　두 쌍의 대변이 각각 평행하다."

라는 것을 보입니다. 교과서에 이 내용이 있습니다.

　②, ③, ④에 대하여도 같은 과정을 적어 봅니다. 이 내용을 이해하였으면 문제를 풀어 봅니다. 평행사변형에 관한 모든 문제는 정의를 만족하면 성질을 만족하고, 반대로 조건을 만족하면 정의를 만족한다는 것을 보이는 과정과 결과를 이용한 문

제뿐입니다. 풀리지 않는 문제가 있다면 정의와 성질(정리)을 불완전하게 이해하고 있거나 제대로 활용하지 못하는 것입니다.

중학교 도형 단원에서 학생이 훈련할 것은 논리 훈련입니다. 도형 단원은 가정과 결론으로 이루어진 문장(명제)으로 설명합니다. 가정을 이용하여 결론이 성립함을 보여야 하는데, 이 과정이 논리적입니다. 중학교 도형을 공부할 때는 학생 스스로 써보아야 합니다. 눈으로 읽고 이해하고 지나가는 것과 글로 써보는 것은 하늘과 땅만큼 차이가 납니다. 평행사변형의 정의를 만족하는 사각형이 평행사변형의 성질을 만족함을 읽고 나서 책을 덮고 혼자 힘으로 써보아야 합니다. 이렇게 공부하면 풀지 못할 문제가 없습니다.

고등학교에서 도형 단원이 어렵다는 학생이 많은데 아마도 가장 큰 이유는 중학교의 도형 단원에서 훈련되어야 할 논리가 발달되지 않았기 때문일 수 있습니다. 이 논리는 눈으로 책을 읽어서는 발달하지 않습니다. 직접 적어 보면 논리가 발달하는 것을 느끼게 됩니다.

중학교 도형 단원은 '책을 덮고서 적어보아라!'라고 하고 싶습니다. 이렇게 공부하면 내용을 이해하는 데는 한두 시간 더 걸릴지 모르지만, 내용을 적어 보면 문제를 푸는 시간이 몇 배 더 단축됩니다. 또 위의 설명에서 알 수 있듯이 정의와 성질을 구별하여 알고 있어야 합니다. 중학교의 도형 공부! 적어라!

(3) 고등학교 도형(기하학)

고등학교 도형은 이론적입니다. 그래서 고등학교 도형은 학문의 이름을 붙여서 기하학이라고 합니다. 이론적이기 때문에 도형에 대한 감각으로만 접근하면 복잡한 문제는 풀 수가 없거나, 설령 푼다 한들 틀리게 됩니다.

고등학교의 도형은 매우 간단한 내용으로 시작하여 복합적인 개념을 다루게 됩니다. 처음 시작 부분에는 두 직선의 평행과 평면과 직선의 수직과 같은 비교적 간단하고 쉽다고 생각되는 정의로 시작합니다. 학생들은 이런 용어들은 쉽고 이미 다 알고 있다고 여깁니다. 그런데 정작 학생에게 "두 직선이 평행하다."라는 정의를 말해 보라고 하면 제대로 대답하는 학생은 20명 한 학급 학생 중 고작 한두 명에 불과합니다. 직선과 평면의 수직의 정의도 제대로 말하는 학생이 거의 없습니다. 감으로만 알지 이론적 정의를 모릅니다. 이런 학생은 여러 조건이 있는 문제를 풀지 못하는 현상이 나타납니다.

아무리 복잡하고 어려운 문제들도 기본 개념들의 조합입니다. 기본 개념을 모르는 체 문제를 제대로 풀 수 없습니다. 그래서 문제를 풀면 오답이 자주 나옵니다. 예를 들어, 두 직선이 평행하다는 조건이 복잡한 도형 문제의 여러 조건 중 하나라고 할 때, 정의에 의하면

① 이 두 직선은 같은 평면에 있으면서,
② 서로 만나지 않습니다.

이 문제를 풀기 위해서는 이 두 조건을 모두 사용하여야 합니다.

학생들이 고등학교 도형 부분을 공부하는 것을 보면 기본 개념을 모른 채로 어려운 문제들만 반복해서 풀고 있습니다. 시간과 에너지 낭비가 엄청납니다. 고등학교 도형에 관한 문제에 나오는 모든 용어의 정의(뜻)를 알고 있는지부터 점검하여야 합니다. 그래야 문제를 풀어 보는 의미가 있는 거죠. 특히 정사영, 이면각과 같은 용어들도 대다수 학생이 감각적으로만 대충 알고 있지 정확한 이론적 뜻을 모르고 있습니다. 용어의 뜻만이라도 정확하게 알고 있어도 도형 단원 공부는 달라집니다. 사실 용어의 뜻만 정확하게 적용해도 도형 단원의 문제는 반 이상이 해결됩니다.

고등학교 도형 단원에서는 용어의 뜻을 제대로 알면, 도형의 성질들은 저절로 그리고 제대로 이해가 됩니다.

하나, 초등학교 도형은 체험하며 공부하세요.
둘, 중학교 도형은 적어 가며 공부하세요.
셋, 고등학교 도형은 용어의 뜻(정의)을 문제 풀 때 적용하세요.

2. 방정식(대수학)

문자와 식, 인수분해, 방정식, 유리식, 무리식 등을 포함한 대수 분야가 다른 영역과 다른 특징이 있습니다. 개념의 이해가 부족하더라도 문제를 많이 풀어 본 학생이 시험에 유리합니다. 다른 영역은 개념의 이해가 부족하면 문제를 많이 풀어도 성적은 오르는 것이 아니고 오히려 지치게 되고 혼란스러워지는 경우가 많습니다. 물론 대수 영역도 개념을 알고 문제를 풀어야 효율적인 공부가 된다 하지만, 개념의 이해가 불완전해도 유형별로 문제 풀이 방법을 외워서 반복하여 문제를 풀면 일정 수준에 도달하는 것이 가능한 단원입니다.

이런 대수 영역의 특징 때문에 문제를 많이 풀다 보면 알게 된다는 잘못된 공부 방법이 비롯된 듯싶습니다. 또 유형별로 문제 풀이 방식을 알고 있는 학생은 그렇지 않은 학생보다 문제를 빨리 푸는 장점이 있습니다.

대수 영역에서는 인수분해처럼 문제를 많이 풀고 유형별로 익힌 학생이 시험에 유리합니다. 그런데 대수 영역도 개념에 관한 문제가 적지 않습니다. 문제를 많이 풀어 본 학생이 유리하긴 하지만 개념을 정확하게 알지 못하면 상위권이 되기는 어렵습니다. 다른 영역과 마찬가지로 개념 먼저 공부하고 문제를 푸는 것이 올바른 공부 방법입니다.

주 : 수학 영역 중 덧셈, 뺄셈, 곱셈, 나눗셈 같은 연산을 이용하여 문제를 해결하는 영역을 대수 영역이라고 합니다.

3. 미적분(해석학)

함수, 수열, 수열의 극한, 급수, 함수의 극한, 미분, 적분, 이 모든 내용의 활용 등이 해석학 영역입니다. 해석학 영역은 공부 방법에 따라 학생의 수학 실력이 극명하게 차이가 납니다. 이 분야는 대수 영역과 달리 잘못된 공부 방법으로는 아무리 많이 공부해도 어려움이 해결되지 않는 영역입니다.

고교과정에서 적분은 미분을 알아야 이해할 수 있습니다. 그런데 미분을 알려면 함수의 극한을 이해해야 합니다. 또한, 급수를 알아야 적분 중 정적분의 정의를 이해할 수 있습니다. 해석학 영역 전체가 탑을 쌓듯 한 개념은 이어서 배우는 개념의 기초가 됩니다. 어느 한 부분을 이해하고 있지 못하면 그 뒤쪽으로는 이해할 수가 없습니다. 또 수학을 통째로 외워서 공부하는 학생들이 이 영역에서는 매우 힘들어합니다. 미분과 적분을 이해하려면 앞서 배운 여러 단원을 알아야 하는데, 처음부터 이해 없이 전체 내용을 통째로 외운다는 것은 불가능에 가깝습니다. 게다가 한 문제에 여러 개념을 사용해야 하는 복합적인 문제가 자주 등장합니다.

해석학 분야를 공부할 때는 각 소단원이 전체에서 어떤 위치에 있고 왜 배우며 어떤 역할을 하는지 깨달아야 이 영역이 정복되기 시작합니다. 문제를 풀 때, 수시로 개념을 다시 상기하며 공부해야 합니다. 미적분이 어렵다고 하지만 수학을 잘하는 학생은 통계, 기하, 미적분 중 미적분을 제일 쉬워합니다. 미적분을 어렵다고 하는 학생은 이해하지 않고 외워서 공부하는 학생들이 대부분입니다.

해석학 분야에서 실력을 판가름하는 결정적인 요인은 그래프입니다. 물리적 현상이나 사회적 현상을 함수식으로 표현하게 되는데, 식으로 표현한 함수식은 이해하기가 쉽지 않습니다. 그래서 그래프를 이용합니다. 그래프는 식으로 표현된 함수를 눈으로 볼 수 있게 평면에 그려놓은 것입니다. 함수식과 함수의 그래프의 관계는 평행사변형이라는 용어와 평행사변형의 그림에 비교할 수 있습니다. 함수식과 함수의 그래프는 같은 것인데 그래프는 식을 좌표평면에 그려서 시각적으로 나타낸 것입니다. 그래프를 눈으로 보고 함수식보다 쉽게 이해할 수 있어야 그래프를 공부하는 의미가 있습니다.

많은 학생이 그래프 때문에 수학이 어렵다고 하는데, 이는 그래프를 얼마나 잘 못 알고 있는지를 역설적으로 말하는 것입니다. 눈으로 보고 쉽게 이해하려고 그래프를 사용하는데 그래프 때문에 어렵다고 느끼는 학생은 그래프와 함수식의 의미가 같다는 사실부터 알아야 합니다. 마치 평행사변형이란 용어와 평행사변형의 그림이 같은 의미인 것처럼 함수식과 함수의 그래프는 같은 것입니다. 고등학교 수학, 특히 함수는 그래프를 이용하면 아주 쉽고, 그래프를 이용하지 않으면 풀기 어려운 문제가 너무 많습니다.

　대수학 영역에 강점이 있고 해석학 영역에 약점이 있는 학생은 수학 공부를 이해가 아닌 암기식으로 하는 경우가 많습니다. 이해하지 않고서 외워서 공부하는 습관을 지닌 학생은 단원의 길이가 짧은 단원보다 삼각함수처럼 긴 단원을 매우 어려워합니다. 참고로 삼각함수의 문제를 풀 때 그래프를 잘 활용하는 학생은 삼각함수가 쉽다고 합니다.

4. 확률과 통계(통계학)

(1) 확률

　확률 단원은 '경우의 수'와 '확률'로 구성되어 있습니다. 확률은 경우의 수에 확률의 정의만 적용하였으므로 경우의 수와 확률은 같은 방법으로 해결됩니다. 고등학교에서 공부하는 경우의 수 문제는 초등학생도 정답을 찾는 것이 가능합니다. 반면에 초등학생도 맞추는 문제를 고등학생도 자주 틀리는 단원이 경우의 수를 비롯한 확률 단원입니다.

　고등학생도 잘 틀리는 경우의 수와 확률 문제를 어떻게 초등학생이 정답을 찾아낼까요? 여기에 주목하면 확률 단원의 올바른 공부 방법을 알 수 있습니다. 초등학생은 고등학교 경우의 수 단원에서 배우는 공식을 하나도 모릅니다. 따라서 초등학생이 고등학교 경우의 수 문제를 풀 때는 공식을 사용하지 않고 있을 수 있는 경우 모두를 일일이 나열하여 세어봅니다.

고등학생이 경우의 수를 틀리는 이유는 경우의 수를 일일이 나열하여 세지 않고 공식을 잘못 적용하기 때문입니다. 경우의 수와 확률 단원을 공부할 때는 매번 일일이 모든 경우를 나열하여 공부해야 합니다. 이렇게 나열을 반복하다 보면 일일이 나열하지 않아도 뇌에 그림으로 전체 상황이 쉽게 그려집니다. 모든 경우가 뇌에 떠오르면 자연스레 사용할 공식이 떠오르는 수준에 도달하게 됩니다. 이때부터 공식을 사용하면 공식을 사용해도 틀리지 않습니다. 다시 한번 강조합니다. 공식을 사용하지 않고 문제를 풀어야 확률 단원은 오답 없이 문제를 풀 수 있습니다.

확률 단원은 공부 방법만 옳으면 초등학생도 공부가 가능한 단원이고, 잘못된 공부 방법으로는 고등학생도 쉽게 틀리는 단원입니다. 수능에서 만점에 가까운 성적을 내는 학생이 가장 늦게 정복하는 단원이 확률 단원입니다. 확률을 공부할 때는 인내심을 가지고 모든 경우를 일일이 나열하세요. 이보다 더 확실한 방법은 없습니다.

(2) 통계

통계 단원의 공부 비결은 현실, 용어 그리고 기호, 이 세 가지를 일치시키면서 공부하기입니다. 이렇게 공부하지 않으면 시작 부분의 쉬운 개념에 관련된 문제나 단원 끝의 어려운 개념에 관련된 문제 모두 오답 비율이 비슷한 특징이 있습니다. 예를 들어 설명하겠습니다.

평균은 초등학생도 구할 수 있을 만큼 쉽습니다. 하지만 고등학교 통계 과목의 평균에 대한 식을 보면 어렵고 복잡한 느낌이 듭니다. 이 식에 사용된 기호가 무엇을 뜻하고 그 뜻이 내가 구하던 평균과 어떻게 연결되는지를 알면 복잡해 보이이던 식은 쉽게 이해되고 저절로 기억됩니다. 초등학생 때 배운 평균의 정의가 고등학교 때는 기호를 이용하여 다음과 같이 정의합니다.

$$x_1 p_1 + x_2 p_2 + \cdots + x_n p_n$$

을 확률변수 X의 **평균** 또는 **기댓값**이라고 하고 기호로

$$E(X) = x_1 p_1 + x_2 p_2 + \cdots + x_n p_n$$
$$= \sum_{i=1}^{n} x_i p_i$$

로 나타냅니다.

이 식은 고등학교 평균의 단원에 나와 있는 식 중 첫 번째 식입니다. 초등학생 때 쉽게 공부했던 평균의 정의를 기호를 이용해서 식으로 나타낸 것입니다. 이후 이 단원에서는 모두 이 식을 이용하여 설명하고 있습니다.

우리가 알고 있는 평균은 쉬운데 고등학교에서 배우는 평균이 쉽지 않다면 왜일까요? 고등학교에서 배우는 평균을 정의하는 데 사용한 식의 어려움을 해결하지 않고 진도를 나간다면 통계 단원 공부는 어려울 수밖에 없습니다. 어려움을 해결하여 보겠습니다.

평균 정의의 식에서

$$x_1, x_2, \cdots, x_n$$

은 확률변수 X가 가질 수 있는 값이고

$$p_1, p_2, \cdots, p_n$$

은 각각 $x_1, x_2, \cdots, x_n$에 대응하는 확률입니다. 그렇다면 확률변수는 무엇이고 확률은 무엇인가요? 용어, 기호 그리고 현실 이 세 가지를 연결하여 보겠습니다.

이제 현실적인 예를 보겠습니다. 다음은 10명의 수학 성적입니다. 평균을 구하여 보겠습니다.

학생 번호	1	2	3	4	5	6	7	8	9	10
수학 점수	60	70	70	50	80	70	40	90	50	30

평균은 학생 성적의 총합을 인원수로 나눈 것이므로

$$(평균) = \frac{60+70+70+50+80+70+40+90+50+30}{10}$$
$$= 61$$

입니다. 그런데 여기 평균을 좀 더 간단히 구하는 방법이 있습니다. 이 방법은 학생수가 많을 때는 위의 방법보다 훨씬 간단합니다.

$$(평균) = \frac{30+40+50\times 2+60+70\times 3+80+90}{10}$$

이 식은 다시 다음과 같이 변환됩니다.

$$(평균) = 30\times\frac{1}{10}+40\times\frac{1}{10}+50\times\frac{2}{10}+60\times\frac{1}{10}+70\times\frac{3}{10}$$
$$+80\times\frac{1}{10}+90\times\frac{1}{10}$$

이 식은 평균을 구하는 식

$$E(X) = x_1p_1 + x_2p_2 + \cdots + x_np_n$$

과 같은 형태입니다. 따라서 $x_1, x_2, \cdots, x_n$은 자료의 값, 여기서는 성적을 나타냅니다. 또 상대도수 $p_1, p_2, \cdots, p_n$은 $x_1, x_2, \cdots, x_n$에 해당하는 상대도수(확률)입니다. 즉

$$x_1=30, \quad x_2=40, \quad x_3=50, \quad x_4=60, \quad x_5=70, \quad x_6=80, \quad x_7=90$$
$$p_1=\frac{1}{10}, \quad p_2=\frac{1}{10}, \quad p_3=\frac{2}{10}, \quad p_4=\frac{1}{10}, \quad p_5=\frac{3}{10}, \quad p_6=\frac{1}{10}, \quad p_7=\frac{1}{10}$$

입니다.

예를 들어 자료의 값이 70일 때, 학생 10명 중 70점을 맞은 학생이 3명이므로 확률(상대도수)는 $\frac{3}{10}$입니다.

통계 단원에서는 용어를 공부할 때 그 용어가 현실 속의 예에서 무엇에 해당하는지 따져가며 공부하면 어려움이 즉시 사라집니다. 또 이렇게 공부하면 이 단원의 문제를 틀리는 일도 사라집니다. 기호는 용어와 연결하면서 공부하면 됩니다. 통계의 단원에서는 기호, 용어와 현실을 서로 연결할 수 없다면 개념을 모르는 것입니다. 수학의 모든 영역과 마찬가지로 개념을 모르면 아무리 문제를 많이 풀어도 소용이 없습니다.

제 5 장

문제를 많이 풀어도 성적이 오르지 않는다면?

제5장
수학 공부를 어떻게 해야 성적이 오를까?

1. 시험 문제의 구성

초등학교 수학 시험과 중학교 수학 시험은 큰 차이가 있습니다. 초등학교 수학 시험에서는 숫자의 계산력이 성적에 결정적인 역할을 합니다. 반면에, 중학교 수학 시험에서는 문자를 포함한 식의 계산 능력, 그리고 공식과 개념의 이해와 활용이 성적에 영향을 미칩니다. 고등학교 수학 시험에서는 중학교 시험에 비해 문제를 파악하는 능력이 중요한 추가적인 요소로 작용합니다.

내신 시험인 중간고사와 기말고사는 문제 풀기 등 시험 대비가 성적에 큰 영향을 미칩니다. 그러나 모의고사는 시험 준비보다는 평소 실력이 더 중요하며, 수능 시험에서는 처음 보는 문제를 해결하는 능력이 고득점에 영향을 미칩니다. 수리 논술 시험은 읽기, 개념 이해, 쓰기, 논리력 등 다양한 능력이 필요합니다. 각 시험이 무엇이 다른지, 그리고 어떻게 준비해야 하는지 살펴보겠습니다.

수학 시험의 출제 경향을 분석하고 대비하는 것도 좋은 성적을 거두는 데 도움이 됩니다. 대체로 수학 시험은 기본 개념 문제, 공식이나 정리를 이용한 문제, 그리고 활용 문제로 나뉩니다. 기본 개념 문제는 약 30%, 공식과 정리를 이용한 문제는 약 40%, 나머지 30%는 활용 문제입니다. 개념 위주로 공부하는 학생은 쉬운 문제는 모두 정확하게 풀고, 실력에 따라 어려운 문제는 풀지 못할 수 있습니다. 개념을 소홀히 하고, 시험 대비에 중점을 두고 문제 풀기 위주로 공부해 온 학생들은 쉬운 문제와 어려운 문제 모두 비슷한 비율로 틀리는 경향이 있습니다.

개념	공식과 정리	활용 문제
30%	40%	30%

시험 문제 30개를 기준으로 하여 첫 10문제 정도는 간단한 개념 문제입니다. 개념을 충실히 공부한 학생은 이 문제들을 틀리지 않습니다. 반면, 문제 풀기 위주로 공부하는 학생 중 일부는 "다음 설명 중 옳은 것을 모두 찾아라!" 또는 "다음 설명 중 틀린 것을 모두 찾아라."와 같은 문제에서 오답률이 높습니다. 이런 문제는 개념을 정확하게 이해하고 있으면 쉽게 풀 수 있습니다. 간단한 문제를 정확히 풀려면 문제를 많이 푸는 것보다 개념을 정확히 이해하는 것이 더 중요합니다. 이런 문제를 틀리는 학생은 개념 공부를 개선하지 않으면 아무리 많은 문제를 푼다고 해도 성적을 올리기 어렵습니다.

시험을 준비하는 학생들이 가장 많이 푸는 문제는 공식을 사용하는 문제입니다. 이 문제들은 개념을 알고 풀면 깔끔한 느낌을 줍니다. 문제를 풀고 나서 깔끔하지 않다면, 공식의 이해가 부족한 채 문제를 풀었기 때문입니다. 개념을 잘 이해하지 못한 채 문제를 반복해서 풀어 좋은 성적을 얻는 학생도 있지만, 이런 방법은 비효율적이고 비정상적인 공부법입니다. 자연스럽고 편안하게 문제를 풀 수 있어야 제대로 공부하고 있는 겁니다.

수학 성적을 결정하는 요소

수학 공부가 특히 어려운 이유는 성적을 결정하는 여러 요소 중 하나만 부족해도 좋은 성적을 기대하기 어렵기 때문입니다.

개념, 공식과 계산력을 기준으로 본 수학 성적과 능력

구분	잘하는 능력	부족한 능력
최하위권	없음	계산력, 공식의 암기, 개념 공부
하위권	계산력	공식의 암기, 개념의 공부
중하위권	공식의 암기, 계산력	공식의 이해, 개념의 이해
중상위권	공식의 이해, 계산력	개념의 이해
상위권	개념의 이해, 공식의 이해, 계산력	개념의 활용
최상위권	개념의 활용, 공식의 이해, 계산력	

2. 문제를 정확하게 파악한다는 것은?

시험에서 높은 성적을 받으려면 활용 문제를 어려움 없이 풀 수 있어야 합니다. 활용 문제나 증명 문제는 문제를 정확히 파악하는 것이 핵심입니다.

☆ 문제가 요구하는 것을 구하기 위해 무엇을 찾아야 하는지 알아내야 합니다.

☆ 문제에 주어진 조건을 이용하여 사용할 수 있는 식이 어떤 식인지 알아내야 합니다.

이 두 가지를 알아내는 것이 문제 파악인데 문제만 잘 파악하면 나머지 과정은 비교적 쉽게 해결됩니다.

문제에 주어진 조건을 이용해서 사용할 수 있는 식과 문제에서 요구하는 답을 구하기 위한 식을 찾아냈다면, 중간 과정만 연결하면 됩니다. 고등학교 학생들은 수학 문제에서 문제 파악을 중간 과정보다 더 어려워합니다. 문제를 풀 때 중요한 세 가지 과정

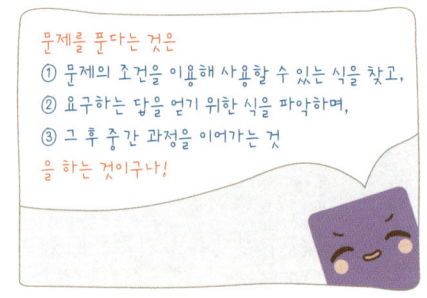
문제를 푼다는 것은
① 문제의 조건을 이용해 사용할 수 있는 식을 찾고,
② 요구하는 답을 얻기 위한 식을 파악하며,
③ 그 후 중간 과정을 이어가는 것
을 하는 것이구나!

은, ① 문제의 조건을 이용해 사용할 수 있는 식을 찾고, ② 요구하는 답을 얻기 위

한 식을 파악하며, ③ 그 후 중간 과정을 이어가는 것입니다.

 문제를 파악하는 것이 어려운 이유는, 그것이 개념 이해와 밀접하게 연결되어 있기 때문입니다. 예를 들어, "짝수인 자연수의 제곱이 짝수임을 보여라."라는 문제를 생각해 봅시다. 이 문제는 아주 간단해 보이지만, 첫 시도에서 제대로 풀어내는 학생은 거의 없습니다. 그 이유는 짝수 개념에 대한 이해가 부족하기 때문입니다. 자신이 짝수의 개념을 모른다고 생각하는 학생이 있을까요? 그런데 모릅니다. 다음 이야기를 읽어보세요.

 학생들은 짝수를 이야기할 때 2, 4, 6, 8, …과 같이 나열할 수 있지만, 짝수의 정의에 대해서는 정확히 설명하지 못하는 경우가 많습니다. 좀 더 나아가 "자연수에서 짝수가 무엇인가?"라고 물으면, 그때야 비로소 짝수의 개념이 부족하다는 사실을 깨닫게 됩니다. 개념을 모르니 문제 풀기의 첫 단계인 문제 파악을 하지 못합니다. 제곱이 짝수임을 보여야 하는데 짝수임을 보이려면 어떤 식을 보여야 하는지 모릅니다.

 자연수를 2로 나눠서 나머지가 0이면 짝수이고, 나머지가 1이면 홀수입니다. 자연수를 나누어 몫과 나머지를 구하는 것은 초등학교 때 배운 내용입니다. 예를 들어, 17을 5로 나누면 몫은 3이고 나머지는 2입니다. 이를 식으로 나타내면,

$$17 = 5 \times 3 + 2$$

입니다. 따라서 짝수는 2로 나누었을 때 나머지가 0이므로, 짝수는 2로 나누어떨어지는 자연수입니다.

 따라서 짝수는 2로 나누어 나머지가 0이므로 자연수 n이 짝수이면

$$n = 2 \times 몫 + 0$$

이고 몫 역시 자연수입니다. 따라서 위 문제를 증명하기 위해서는 자연수 n이 짝수이면

$$n = 2k, \ k는\ 자연수$$

로 표현함을 알아야 합니다. 이런 표현을 알아야 짝수의 개념을 아는 것이죠. 이 문제에서 보여야 하는 것은 n^2이 자연수의 2배로 표현됨이고, 문제에서 이것을 알아내는 것이 제일 어렵습니다. 문제에서 사용할 수 있는 조건은 'n이 자연수의 2배이다.'입니다. 이렇듯 간단한 문제조차도 문제 파악과 해결에 결정적인 요인은 문제에 등장하는 용어의 개념입니다.

교과서의 예제 1번은 그 단원에서 첫 문제인데, 이 문제를 풀지 못하는 학생은 그 단원의 문제를 스스로 풀 수 없습니다. 그런데 학생들은 예제 1번을 풀지 못한 채 해설을 보고 넘어갑니다. 이렇게 공부하면, 결국 그 단원의 문제 중 스스로 해결할 수 있는 문제는 하나도 없고 해설을 외워야 합니다.

개념을 사용해야 풀리는 문제 수를 살펴보면, 초등학교 수학 문제가 1개라면, 중학교 문제는 3개쯤이고 고등학교 문제는 10개도 넘습니다. 사실 고등학교 수학 문제 중 개념을 사용하지 않고 풀 수 있는 문제는 없다고 여겨도 됩니다. 교과서에 있는 상수함수 예제 하나 보겠습니다. 여러 가지 함수 중 상수함수가 가장 쉬운 함수입니다.

닫힌구간 [3, 7]에서 연속이고, 열린구간 (3, 7)에서 미분 가능 함수 $f(x)$가 $x \in (3, 7)$인 모든 $f'(x)=0$이면 닫힌구간 [3, 7]에서 상수임을 보여라.

문제 파악에서 필요한 두 가지

첫 번째, 최종적으로 구해야 하는 것이 무엇인가? : $f(x)$가 닫힌구간 [3, 7]에서 상수함수임을 보여야 합니다. 이를 위해 어떤 식을 보여야 하는지 생각해 보겠습니다. $f(x)$가 상수함수임을 보이기 위해 보여야 하는 식을 찾아내는 것이 이 문제에서 제일 어려운 부분입니다.

두 번째, 내가 사용할 수 있는 식 찾기 : 문제에서 사용할 수 있는 조건은 함수 $f(x)$가 닫힌구간 [3, 7]에서 연속이고, 열린구간 (3, 7)에서 미분 가능하고 $f'(x)=0$이라는 것입니다. 이 조건으로부터 내가 사용할 수 있는 식을 찾아야 합니다.

만일 위의 두 가지를 찾았다면 중간 과정을 연결하는 것은 상대적으로 쉽습니다.

① 이 문제의 풀이 과정 찾기

문제를 읽고 답을 얻기 위하여 무엇을 보여야 할지 찾는 것은 문제 풀기를 일하기로 비교할 때 내가 무엇을 해야 일을 끝낼 수 있는지 일의 목표에 해당합니다. 당연히 문제를 읽고 무엇을 보여야 하는지부터 파악해야 합니다.

닫힌구간 [3, 7]에서 상수함수임을 보이려면 어떤 식을 보여야 할까요? 상수함수의 개념을 생각해 보면 정의역의 모든 점에서 함숫값이 모두 같음을 보여야 합니다. 모든 점에서 함숫값이 같다는 것을 식으로 어떻게 표현해야 하는지 알아내는 것이 이 문제 해결에서 제일 어려운 점입니다. $f(x)$가 상수함수임을 보이려면

$$x_1 \neq x_2 이고\ x_1,\ x_2 \in [3,\ 7]인\ 임의의\ x_1,\ x_2에\ 대하여\ f(x_1)=f(x_2)$$

임을 보여야 합니다.

(또는 $x \in [3, 7]$인 모든 x에 대하여 $f(x)=f(3)$임을 보이면 됩니다.)

② 문제를 읽고 무엇을 할 수 있나 찾아내기

함수 $f(x)$가 닫힌구간 [3, 7]에서 연속, 열린구간 (3, 7)에서 미분 가능 그리고 $f'(x)=0$이라는 문제의 조건으로부터 이용할 수 있는 식을 찾아야 합니다. 여기서 두 조건 '닫힌구간 [3, 7]에서 연속과 열린구간 (3, 7)에서 미분 가능'과 관련된 개념은 평균값 정리입니다. 평균값 정리에 의하면

$$\frac{f(x_2)-f(x_1)}{x_2-x_1}=f'(c),\ x_1 \neq x_2 이고\ x_1,\ x_2 \in [3,\ 7]$$

를 만족하는 c가 x_1과 x_2 사이에 적어도 하나 존재합니다. 그런데 가정에 의하면 $f'(c)=0$입니다. 따라서 문제의 주어진 조건으로부터

$$\frac{f(x_2)-f(x_1)}{x_2-x_1}=0$$

을 사용할 수 있습니다.

이제 남은 과정은 이를 이용하여 중간 과정 채우기입니다. $\frac{f(x_2)-f(x_1)}{x_2-x_1}=0$의 양변에 좌변의 분모를 곱하면 $f(x_2)-f(x_1)=0$을 얻게 되어 $f(x_1)=f(x_2)$를 보일 수 있어, $f(x)$는 닫힌구간 [3, 7]에서 상수함수임을 보일 수 있습니다. 이처럼 중간 과정이 제일 쉽습니다. 물론, $f(x)=f(3)$을 보이는 것도 같은 방법입니다.

아무리 복잡하고 어려운 문제도 그 해결 과정은 결국 여러 개의 개념으로 구성되어 있습니다. 문제를 파악하지 못하거나 풀지 못하는 이유는 개념을 모르기 때문입니다. 문제에 나오는 용어의 개념만 제대로 알면 문제를 푸는 것은 그리 어렵지 않습니다. 고등학생이라면 계산 능력은 더 이상 문제 해결에 걸림돌이 되지 않기 때문에, 개념만 정확히 알면 많은 문제를 풀지 않아도 3등급을 받을 수 있는 이유입니다.

그렇다면 문제 파악 능력은 어떻게 향상하게 할 수 있을까요?

물론 문제에 나오는 용어의 개념을 모르면 문제를 파악할 수 없습니다. 하지만 개념을 알더라도 문제를 잘 파악하는 능력에는 차이가 있습니다. 수학 공부를 할 때, 설명을 듣고 받아들이는 방식으로 공부하는 학생은 문제 파악에서 어려움을 겪는 경우가 많습니다. 반면, 교과서를 읽고 개념을 스스로 이해하며 공부하는 습관이 있는 학생은 문제를 읽을 때도 그 개념을 이해하듯 뇌가 활발히 작용하여 문제를 쉽게 파악할 수 있습니다. 개념을 제대로 이해하는 습관이 없다면 문제를 읽고 파악하는 것도 어려워지기 마련입니다. 문제 파악 능력을 높이고 싶다면, 평소에 개념을 읽고 이해하는 습관을 기르는 것이 필요합니다.

교과서를 읽어가며 공부해야 한다는 의견에 의구심이 드는 독자들에게 다시 한번 생각해 볼 것을 권유합니다. 학급에서 교과서로 개념 공부하는 학생이 상위권일까요 하위권일까요? 교과서 사용 비율은 상위권 학생이 하위권 학생과 비교하여 훨씬 높습니다. 상위권이 되고 싶으면 개념 공부를 교과서로 하세요. 교과서로 하는 공부가 처음에는 쉽지 않습니다. 그걸 극복하면 상위권으로 올라갈 발판을 만든 것입니다.

3. 버려야 할 습관

문제를 파악하는 습관에 따라 학생들을 두 가지 유형으로 나눌 수 있습니다. 학생 대부분은 문제를 읽으면서 동시에 머릿속에서 비슷한 문제를 어떻게 풀었는지 떠올립니다. 하지만 이런 습관을 버려야 정답률이 높아집니다.

학생 대부분은 문제를 읽으며 동시에 문제에 나오는 용어를 보고 그 뜻을 생각하기보다, 최근에 비슷한 문제를 어떻게 풀었는지 떠올립니다. 이런 학생들은 문제를 빨리 풀어야 한다는 강박 속에서 문제를 완전히 이해하기 전에 서둘러 풀기 시작합니다. 이런 이유로 문제 파악을 잘못하게 되어 오답률이 높아집니다. 이런 습관에 익숙한 학생들은 중학생까지 좋은 성적을 유지하다가, 고등학생이 되면 수학 문제 파악조차 제대로 하지 못하는 어려움을 겪게 되는 경우가 많습니다.

수학자에게 중학교 시험 문제를 풀어 보라고 하면, 수학자는 문제를 읽을 때 문제 파악에만 집중합니다. 먼저 문제가 무엇을 묻고 있는지 정확히 이해한 후에 풀기 시작합니다. 그러나 문제 파악이 끝나야 문제를 풀기 시작하는 수학자처럼 문제를 읽는 학생은 몇 안 됩니다.

학생들이 반문합니다. "문제를 천천히 읽으면 시험 시간에 문제 풀 시간이 부족한데 어떻게 좋은 성적을 받을 수 있나요?" 하지만 실제로는 문제를 정확하게 파악하고, 시험 시간 동안 풀 수 있는 문제만 풀면 성적이 올라갑니다. 문제를 정확히 이해하면 오답이 거의 사라지고, 잘못 푼 문제로 시간을 낭비하는 일이 줄어 들기 때문입니다. 결국 문제를 천천히 읽고 파악해야 오히려 문제를 푸는 시간이 단축됩니다. 그래서 문제를 읽을 때는 어떻게 풀지를 고민하지 말고 문제 파악에만 집중하고, 정확히 이해하는 습관을 기르는 것이 필요합니다.

4. 수학 문제 얼마나 풀어야 하나?

수학 문제를 얼마나 풀어야 하는지는 개인마다 다릅니다. 어떤 학생은 문제집 한 권만 풀어도 좋은 성적을 얻습니다. 이런 학생은 문제를 풀면서 개념이 점점 명확해지고 단원의 흐름이 정리되며, 나중에는 더 어려운 문제에 도전하고 싶어집니다. 반면, 문제집을 여러 권 풀어도 성적이 오르지 않거나 오히려 떨어지는 학생도 있습니다. 이런 학생들에게는 몇 가지 공통적인 특징이 있습니다.

1. 수학 내용을 알기 위해 공부하는 것이 아니라 오로지 수학 성적만을 위해 시험 준비에 치중한다.
2. 내용을 얼마나 잘 이해하였나 보다는 오늘 몇 페이지 나갔나 진도를 신경 쓴다.
3. 수학 공부를 스스로 알아서 하는 것이 아니라 학원 선생 등 시키는 것을 그대로 수행한다.
4. 개념 공부를 소홀히 하고 문제 풀기만 많이 한다.
5. 문제를 읽고 자신이 생각해서 문제를 푸는 것이 아니라 교과서나 문제집의 해설, 즉 다른 사람이 이미 풀어 놓은 풀이 방법을 유형별로 외워서 그대로 대입하여 문제를 푼다.
6. 한 단원을 공부할 때 단원 전체를 기본 원리를 적용하여 공부하지 않고 낱낱의 경우로 외운다.

이런 방식으로 공부하면 단원의 학습이 진행될수록 외워야 할 풀이법이 늘어나면서 점점 더 어려움을 느끼게 됩니다. 반대로, 개념을 이해하며 공부하는 학생은 단원 후반부로 갈수록 전체적인 윤곽이 잡히고 정리되는 느낌을 받습니다.

문제를 풀면서 개념이 점점 명확해지고 공식에 대한 이해가 깊어지는 학생도 있습니다. 하지만 이런 변화가 없다면 문제를 많이 푸는 것이 아무런 의미가 없음을 깨달아야 합니다. 이런 학생은 문제를 풀기 전에, 그리고 푸는 과정에서 공식을 제대로 이해하고 있는지 스스로 점검해야 합니다.

오답이 나오는 이유를 분석해 보면 단순한 계산 실수보다는 개념을 잘못 이해한 경우가 더 많습니다. 특히, 자신이 개념을 알고 있다고 착각하는 경우가 흔하죠. 오답이 자주 발생한다면, 지금의 공부 방법이 올바르지 않다는 신호일 수 있으니 잠시 공부를 멈추고 자신의 공부 방법을 돌아볼 필요가 있습니다.

결국, 문제를 푸는 양보다 중요한 것은 문제를 풀면서 개념을 제대로 이해하고 있는지를 확인하는 것입니다. 개념이 확실하게 정리되지 않는다면, 문제를 일정량 이상 많이 푸는 것은 의미가 없습니다.

개념 공부가 올바른 학생은 문제집 한 권만 풀어도 시험 준비로 충분할 수 있습니다. '문제를 얼마나 많이 풀어야 하는가.'보다 더 중요한 것이 '내용을 얼마나 정확하게 알고 있는가.'입니다. 이어지는 단원의 예를 읽어보세요.

5. 문제를 많이 풀어도 성적이 오르지 않는 이유

운동선수가 대회에서 좋은 성적을 얻기 위하여 단계적으로 대회를 준비합니다. 근육 훈련과 기본 동작 훈련을 합니다. 인내가 필요한 기본기 훈련이 일정 궤도에 오르면 대회를 앞두고 연습경기를 통하여 실전 훈련을 합니다. 운동선수에게 기본 동작은 수학 공부에 있어서 기본이 되는 개념과 공식을 포함한 내용입니다. 운동선수에게 근육은 수학 공부에서 생각하는 능력인 사고력이라고 할 수 있습니다. 수학 시험을 앞두고 문제 풀기는 운동선수가 하는 연습경기에 비교할 수 있습니다. 운동선수에게 대회는 수학 공부하는 학생에게는 수학 시험에 비교할 수 있습니다.

근육 훈련을 하지 않고 기본 동작도 할 줄 모르면서 연습경기를 많이 한다고 실력이 향상되지 않습니다. 기본 동작 훈련이 되어 있지 않다면 연습경기 때 실수를 자주 저지릅니다. 기본 동작 훈련이 충분하면 연습경기를 하면 할수록 경기력이 좋아집니다. 수학 공부도 마찬가지입니다.

문제를 풀어서 성적이 오르는 학생과 문제를 많이 풀어도 성적이 오르지 않는 학생을 구별하는 기준이 있습니다. 한 단원의 학습 내용은 정해져 있습니다. 따라서 공부하면 공부할수록 개념이 명확해지고 문제 풀이가 쉬워져야 정상입니다. 그런데 문제를 많이 풀수록 부담이 커진다면, 이는 잘못된 공부 방법을 사용하고 있다는 신호입니다. 이는 내용을 정확하게 알지 못한 채 문제를 풀면 일어나는 현상입니다. 내용을 어설프게 알고 문제를 풀면 문제 하나하나의 그 풀이법을 기억해야 하기에 진도를 나갈수록 더 혼란스러워집니다.

위 내용의 이해를 돕기 위해 예를 들어 설명하겠습니다. 중학교 3학년 수학 첫 단원은 제곱근입니다. 문제를 풀면 풀수록 개념이 확실해지는 학생이 있는 반면에 진도를 나가면 나갈수록 혼란스러워하는 학생이 있습니다. 그 이유를 제곱근의 예로 설명하겠습니다.

여기 제곱근 단원을 공부하는 학생들이 있습니다. 이 학생들에게

'$\sqrt{2}$가 무엇일까?'

라고 물었습니다. 그러면 거의 모든 학생이

'네?'

라고 반문합니다. 그래서 다시

'무엇을 $\sqrt{2}$ 라고 나타내는지 설명해 봐!'

라고 질문을 다시 합니다. 학생이 제곱근 단원을 공부하면서 $\sqrt{2}$ 의 뜻을 생각하지 않고서 공부한 것입니다. 잠시 생각 끝에 가장 많이 나오는 답이

'2의 제곱근입니다.'

입니다(끝내 대답하지 못하는 학생도 많습니다.). 학생에게 다시 질문합니다.

'그럼 $-\sqrt{2}$는 2의 제곱근이 아닌가?'

이 질문에 학생의 답이 나뉩니다. '몰라요.'라고 답하는 학생도 있고 '맞아요.'라는 학생도 있습니다. 맞는다고 답한 학생에게 처음 질문이

'$\sqrt{2}$가 무엇일까?'

인데 '2의 제곱근입니다.'라고 답하면 $\sqrt{2}$를 바르게 설명했다고 생각하는지 묻습니다. 자신이 $\sqrt{2}$의 뜻을 모른다는 것을 깨달은 학생은 $\sqrt{2}$가 무엇인지 모르겠다고 합니다. 지극히 일부 학생은

'$\sqrt{2}$가 2의 양의 제곱근입니다.'

라고 바른 답을 합니다. 이제 '$\sqrt{2}$가 2의 양의 제곱근입니다.'라고 답한 학생에게 $\sqrt{2}$의 뜻을 제곱근이라는 용어를 사용하지 말고 설명해 보라고 합니다. 이 단계에서 대답을 이어가는 학생은 없다고 해도 과언이 아닙니다.

$\sqrt{2}$를 제곱근 용어를 사용하지 않고서 설명하면

'제곱하여 2가 되는 수 중 0보다 큰 수.'

입니다. 제곱하여 2가 되는 수는 두 개가 있는데 이 중 0보다 큰 수를 $\sqrt{2}$, 0보다 작은 수를 $-\sqrt{2}$로 나타냅니다. (예를 들어 제곱하여 16이 되는 수는 4와 -4 두 개가 있는데 이를 근호를 이용하여 $\sqrt{16}$과 $-\sqrt{16}$으로 나타냅니다.)

$\sqrt{2}$의 개념을 정확하게 아는 것은 쉽지가 않습니다. 그리고 $\sqrt{2}$의 개념을 정확하게 알고 진도 나가는 학생이 거의 없습니다. 이제 $\sqrt{2}$의 개념을 정확하게 알고 공

부하면 제곱근 단원이 점점 더 명확해지고, 그 개념을 정확하게 알지 못하면 진도를 나갈수록 혼란스러워지는 이유를 설명하겠습니다.

　제곱근의 정의에 이어서 기호 $\sqrt{}$ 를 이용하여 제곱근을 나타내는 것을 공부합니다. 다음에 이어지는 설명은

$$\sqrt{4}=2$$

입니다. 개념을 사용하지 않는 학생은 $\sqrt{4}=\sqrt{2^2}=2$로 제곱과 근호가 서로 지워진다고 기억합니다(절반이 넘는 학생이 이렇게 알고 있습니다.). 제곱근의 개념을 이용하여 $\sqrt{4}=2$를 이해하여 보겠습니다.

　$\sqrt{4}$는 제곱하여 4가 되는 수 중 0보다 큰 수입니다.

제곱하여 4가 되는 수는 2와 -2 두 개가 있는데 이 중 0보다 큰 수는 2입니다. 따라서 $\sqrt{4}=2$입니다.

　다음으로 $\sqrt{2}$의 값을 소수로 나타내기입니다. 어떻게 해야 할까요? 바로 $\sqrt{2}$의 개념을 생각하면 아이디어가 떠오릅니다.

　$\sqrt{2}$를 제곱하면 2가 됩니다. 그런데 1을 제곱하면 1이고 2를 제곱하면 4입니다. 따라서 $\sqrt{2}$는 1과 2 사이의 값입니다. 즉, $1<\sqrt{2}<2$입니다.

　1과 2의 중간인 1.5와 $\sqrt{2}$의 크기를 비교하여 보겠습니다.

　　$(\sqrt{2})^2=2$이고 $1.5^2=2.25$이므로

$\sqrt{2}$는 1.5보다 작습니다. 즉, $1<\sqrt{2}<1.5$
또 $1.4^2=1.96$이므로 $\sqrt{2}$는 1.4보다 큽니다. $1.4<\sqrt{2}<1.5$입니다.

$$1.41^2=1.9881<(\sqrt{2})^2=2<1.42^2=2.0164$$

이므로

$$1.41<\sqrt{2}<1.42$$

입니다.

$$1.414^2 = 1.999396 < (\sqrt{2})^2 = 2 < 1.415^2 = 2.002225$$

이므로

$$1.414 < \sqrt{2} < 1.415$$

입니다.

같은 방법을 계속하여 $\sqrt{2}$를 소수로 나타내면

$$\sqrt{2} = 1.41421356237309504880\cdots$$

이고, $\sqrt{2}$는 순환하지 않는 무한 소수입니다. $\sqrt{2}$의 값을 소수로 나타내려면 $\sqrt{2}$의 뜻(개념)을 사용하면 해결됩니다. 개념을 이용하여 $\sqrt{2} = 1.41421356237309504880\cdots$임을 알고 나면 처음에 $\sqrt{2}$의 정의만 알았을 때보다 $\sqrt{2}$의 값에 대한 감이 좀 더 명확하게 생깁니다.

이어서 근호가 있는 수의 크기를 비교합니다. 예를 들어 두 수

$$\sqrt{\frac{1}{3}}, \frac{1}{2}$$

중 어느 수가 더 큰지 두 수의 대소를 이야기하기입니다. 두 수 중 어느 수가 큰지 어떻게 알아낼까요? 여전히 제곱근의 개념을 이용하면 해결됩니다. 두 수 $\sqrt{\frac{1}{3}}$, $\frac{1}{2}$은 모두 양수입니다. $\sqrt{\frac{1}{3}}$을 제곱하면 $\frac{1}{3}$이고, $\frac{1}{2}$을 제곱하면 $\frac{1}{4}$이므로 $\frac{1}{3}$보다 작습니다. 제곱근의 정의를 생각하면 $\sqrt{\frac{1}{3}} > \frac{1}{2}$입니다.

이렇듯 제곱근 단원의 모든 문제는 제곱근의 정의(개념)를 사용하면 모두 이해되고 개념을 사용하면 모든 문제가 풀립니다. 크기의 비교 다음에 이어지는 내용 또한 제곱근의 정의를 이용하면 모두 해결됩니다.

제곱근에 관한 모든 문제는 $\sqrt{a}$는 제곱하여 a가 되는 양수, $-\sqrt{a}$는 제곱하여 a가 되는 음수라는 개념만 사용하면 모두 해결됩니다. 이 개념을 사용하여 공부하면 할수록 제곱근 단원이 점점 명확해집니다. 이 개념만 제대로 잘 알면 제곱근 단원에서 외워야 하는 내용이 없습니다.

반대로 제곱근의 개념을 생각하지 않고 진도를 나가면 매번 식이 나올 때마다 어떻게 푸는지 방법을 외워야 합니다. 외워야 하는 식과 방법이 너무 많아집니다. 외워야 하는 내용이 많아지면 내용 정리가 잘 되질 않아서 혼란스러워집니다.

학생들이 제곱근 단원 공부를 힘들어하는 이유는 '무엇'과 '왜'를 모르고 '어떻게'만 외워서입니다. 제곱근 단원은 제곱근의 정의로부터 '제곱'하면 모두 해결됩니다.

$\sqrt{a}$의 정의가 제곱하여 a가 되는 0보다 큰 수이고 $-\sqrt{a}$의 정의는 제곱하여 a가 되는 0보다 작은 수입니다. 제곱근 단원을 처음 공부할 때는 제곱근의 정의를 이해하기가 쉽지 않습니다. 그런데 진도를 나가면서 계속 이 정의를 떠올리고 공부하면서 정의를 그대로 적용하다보면 뇌에 제곱근의 정의가 익숙하게 되어 제곱근의 개념이 점점 명확해집니다.

학생이 성적을 잘 받기 위해서 내용과 익숙할 필요가 있습니다. 해야 할 일이 무슨 일이고 어떻게 하는 것인지 이해하였다고 바로 일을 잘할 수 있는 것이 아닙니다. 일을 자꾸 해야 일에 익숙해집니다. 일에 익숙해져야 잘하고 빨리할 수 있게 됩니다. 수학 내용도 개념을 이해했다고 해서 문제를 빨리 풀 수 있는 건 아니죠. 익숙해져야 문제를 빨리 풀 수 있습니다. 일을 잘 이해하면 적은 연습으로도 일을 잘하게 됩니다. 제곱근의 개념을 정확하게 알고, 문제를 풀 때마다 제곱근의 개념을 사용하면 빠르게 제곱근의 개념에 익숙해집니다. 그러면 문제집 한 권만 풀고도 좋은 성적, 아니 만점이 가능합니다.

단원 시작 부분에 나와 있는 정의를 공부할 때 탄생 배경부터 어디에 활용되는지까지 알 필요가 있습니다. 그렇지 않으면 문제를 풀 때 개념을 사용하여 풀 수가 없게 됩니다. 문제 풀기가 내용에 익숙해지는 데 도움이 안 되고, 처음 보는 문제에 개념을 적용해서 풀 수가 없게 되어 남이 풀어놓은 해설을 봐야 합니다. 그래서 문제집 5권을 풀어도 성적이 나쁠 수 있습니다.

문제를 풀기 전에 단원의 내용을 얼마나 잘 이해했는지에 따라서 문제를 조금 풀어도 충분할 수 있고, 많이 풀어도 실력이 좋아지지 않을 수도 있습니다.

문제를 풀지 못하는 가장 흔한 이유와 그에 대한 해결책

A라는 학생은 문제가 풀리지 않으면 왜 풀지 못했는지 이유를 찾는 습관이 있습니다. 문제를 풀지 못하는 경우 이유를 알아보면 문제를 파악하지 못하는 경우가 가장 많습니다. 이런 경우를 자세히 보면 문제에 등장하는 용어의 개념을 모르는 경우가 제일 많습니다. 문제를 읽고 문제 파악이 안 되면 A라는 학생은 문제에 등장하는 용어의 개념(정의)을 다시 공부합니다. 문제 파악이 될 때까지 부족한 개념을 공부합니다. 이 학생은 문제를 풀면서 단원의 내용 이해도가 높아지고 단원을 명확하게 알게 됩니다. A 학생처럼 공부하는 학생은 문제 풀기가 성적의 향상으로 이어지는데 이렇게 하는 학생은 많지 않습니다.

B라는 학생은 문제 파악은 했는데도 문제를 풀지 못하는 경우가 있는 학생입니다. 이때는 문제를 풀 때 문제에 주어진 조건을 모두 사용했는지 점검해야 합니다. 문제를 풀지 못하는 이유 중 두 번째로 많은 이유가 주어진 조건 모두를 사용해야 하는데 그러지 않은 경우입니다. 문제에 주어진 조건을 모두 사용하면 문제가 풀려야 정상입니다.

처음 보는 문제를 풀지 못하는 학생

풀어 본 문제나 풀어봤던 문제와 비슷한 문제는 풀 수 있는데, 처음 보는 문제를 잘 풀지 못하는 학생이 많습니다. 사교육에 의존하거나, 유형별로 풀이 방법을 외워 가며 공부하는 학생이 처음 접하는 문제를 어려워합니다. 이런 학생 대부분은 자신이 안다고 생각하는 개념을 실제로는 모르고 있는 학생입니다. 다시 이야기하면 모르면서 알고 있다고 착각하고 있는 학생입니다. 학생 전체의 절반 이상이 이런 부류의 학생입니다. 학생이 해설을 보고 유형별로 풀이 방법을 외웠기 때문에 스스로 방법을 찾아내는 훈련이 안 된 거죠. 이런 학생은 문제를 많이 풀면 풀수록 단원 정리가 안되고 오히려 머리가 혼란스럽게 됩니다.

풀이 방법을 유형별로 외워서 문제를 풀면 내용의 이해도는 높아지지 않습니다. 아무리 많은 문제를 풀어도 성적이 일정 한계를 넘지 못합니다. 문제 풀기를 시작하면 처음에는 성과가 있다가 학생의 기억 용량을 초과하기 시작하면서부터 문제를 풀수록 상황이 점점 더 악화합니다. 당연히 처음 보는 유형의 문제는 스스로 해결하지 못합니다.

못 푸는 문제! 해설을 안 보고 어떻게 풀 수 있나요?

문제를 풀지 못할 때 끝까지 해설을 보지 않고서 시간을 투자하면서 해결하려고 하면 시간 낭비일까요? 물론 하루나 이틀 뒤 시험이라면 해설을 보고나서 다시 풀어 보는 것이 좋을 수 있습니다.

풀지 못하는 문제의 해설을 읽어보고 나서 다시 푼 학생들 대부분 1주가 지나면 거의 기억나지 않는 실정입니다. 결과적으로 해설을 보는 것은 시간 낭비하는 셈이죠. 학생은 반문합니다. '해설을 보지 않고 그 문제를 붙들고 있는다고 뭐가 좋아 지나요?'라고요.

공부는 단기적으로만 생각할 것이 아니라 장기적으로도 고려해야 할 점이 있습니다. 해설을 읽고 나서 그 문제를 풀었다면, 이 경우는 하나의 지식을 얻은 것입니다. 풀지 못하는 하나의 문제를 30분 고민하여 해결하였다면 같은 수준의 문제를 해결할 수 있는 실력을 얻는 경우가 많습니다. 해설을 보고 나서 그 문제를 풀 수 있다면 그 문제만 풀 수 있는 지식을 얻었기에 그걸 기억하는 동안만 한 걸음만큼만 갈 수 있는 지식을 얻은 셈이죠. 그런데 스스로 해결하면 같은 수준의 문제를 풀 수 있는 능력, 즉 한 걸음씩 계속 갈 수 있는 능력을 얻게 됩니다. 해설을 보지 않고 문제를 해결하는 방법을 찾아내는 것이 능력을 향상시키는 공부입니다.

개념을 알아도 부족한 것은?

개념과 공식 등 수학 내용을 공부하고 문제 풀기를 하지 않는다면 시험에서 좋은 성적을 얻기 어렵다는 사실은 누구나 알죠. 시험에서 좋은 성적을 얻기 위해서는 문제를 빨리 풀 수 있어야 합니다. 문제를 빨리 풀려면 문제를 푸는 요령이 있어야 하고요. 문제를 푸는 요령은 문제를 풀어서 경험을 축적하여야 생깁니다. 처음에는 느리더라도 철저히 개념만으로 문제를 풀다가 익숙해지고 나면, 공식을 사용하여 속도를 높여야 합니다. 문제 풀기도 계단을 오르듯 단계적 훈련이 필요합니다. 우리나라 학생은 문제를 풀 때 개념을 이용하기보다 유형별로 풀이 방법을 외워 익숙해질 때까지 반복하여 문제를 풀기에 문제 푸는 양은 필요 이상으로 많습니다.

6. 풀이 과정을 잘 쓰면 오답이 줄어든다.

복잡한 계산을 할 때 계산 과정을 정리해서 적으면 실수를 줄이고 계산 속도도 빨라집니다. 마찬가지로 수학 문제를 풀 때 풀이 과정을 논리적으로 정리하며 쓰면, 처음에는 어렵게 느껴지던 문제도 쉽게 해결될 때가 많습니다.

수학자들은 "수학 공부는 읽기와 쓰기가 반반"이라고 말합니다. 풀이 과정을 잘 정리해 적는 것만으로도 해결하지 못했던 문제가 풀리는 경우가 많습니다. 또한, 풀이 과정을 체계적으로 작성하면 실수를 줄일 수 있어, 고등학교 수학처럼 복잡한 문제에서도 시간을 허비하지 않고 정확한 답을 찾는 데 도움이 됩니다. 나아가, 풀이를 논리적으로 정리하는 습관이 자리 잡으면 자신이 개념을 제대로 이해하고 있는지 저절로 점검되는 경우가 있습니다.

풀이 과정을 잘 쓰는 습관의 중요성

풀이 과정을 꼼꼼하게 적는 학생들은 따로 수리 논술을 연습할 필요가 없으며, 서술형 문제 또한 어렵게 느껴지지 않습니다. 사실, 많은 학생이 서술형 문제를 객관식 문제보다 어렵다고 생각하지만, 이는 오해입니다. 학생들이 서술형 문제를 어려워하기 때문에 오히려 객관식보다 더 쉽게 출제되는 경우가 많습니다. 같은 문제라도 서술형이면 객관식보다 어렵게 느껴지는데 이는 문제를 풀 때 개념을 생각하지 않기 때문입니다. 풀이 과정을 잘 쓰는 학생은 서술형 시험 문제를 상대적으로 쉽게 풉니다.

풀이 과정을 쓰지 않는 습관은 마치 복잡한 계산을 암산으로만 하려는 것과 같습니다. 간단한 계산은 암산으로 가능하지만, 복잡한 계산일수록 계산 과정을 적어야 실수 없이 계산할 수 있습니다. 마찬가지로, 어렵고 복잡한 문제일수록 풀이 과정을 논리적으로 정리하면 문제 해결에 큰 도움이 됩니다.

풀이 과정을 잘 쓰면 얻을 수 있는 장점

1 다음 단계가 보인다. : 풀이 과정을 차근차근 정리하면, 문제 해결을 위한 다음 단계가 명확하게 보인다.
2 오답을 줄일 수 있다. : 풀이를 논리적으로 적어 가면 실수를 하지 않게 되어 오답률이 줄어든다.
3 풀이 시간이 단축된다. : 단계별로 정리하며 문제를 풀면서 머뭇거리는 시간이 줄어들어 전체적인 풀이 시간이 짧아진다.
4 문제 해결 능력이 향상된다. : 문제를 풀 때 한 번에 한 가지씩만 생각하는 습관이 생겨 복잡한 문제도 차근차근 해결할 수 있다.
5 오답을 빠르게 수정할 수 있다. : 풀이 과정을 잘 정리하는 습관이 있으면 틀린 문제를 또다시 풀 필요가 없다. 자신이 적어 놓은 풀이 과정을 읽어 보면서, 어디가 틀렸는지 쉽게 찾을 수 있으며, 같은 실수를 하지 않게 된다.

풀이 과정을 효과적으로 쓰는 방법

풀이 과정을 잘 쓰는 가장 좋은 예시는 수학 교사가 칠판에 적는 문제 풀이입니다. 교사가 풀이를 적을 때는 중요한 원칙이 있습니다. 바로 한 줄에 한 과정만 적는 것입니다. 아무리 복잡한 문제라도 한 번에 한 단계씩 해결하면 쉽게 풀 수 있습니다. 여기서 이야기하는 한 단계는 개념 하나만 적용하여 다음 과정을 얻는 것을 말합니다. 이에 대한 예는 근의 공식 유도하기에서 볼 수 있습니다. 따라서 문제 풀이를 쓸 때도 계단을 오르듯 한 단계씩 차근차근 적어나가는 것이 중요합니다.

또한, 교과서 예제를 활용한 연습이 큰 도움이 됩니다. 예제의 풀이 과정을 가린 후 직접 풀어 보고, 자신이 쓴 풀이와 교과서 풀이를 비교해 보면 어떤 부분이 부족한지 명확하게 알 수 있습니다.

풀이 과정을 잘 쓰는 습관을 들이면?

풀이 과정을 논리적으로 정리하며 문제를 푸는 습관이 생기면 어려운 문제도 해결하기 쉬워집니다. 또한, 문제 분석력이 향상되어 서술형 문제에 대한 부담이 줄어들고, 수학적 사고력이 길러집니다. 결국, 수학 공부에서 읽기가 반, 쓰기가 반이라는 말은 단순한 격언이 아니라, 수학을 잘하려는 학생들에게 꼭 필요한 원칙입니다.

7. 초등학생 때 좋던 수학 성적이 점점 떨어지는 이유

초등학교 수학 문제는 주로 계산 능력이 있으면 해결할 수 있는 경우가 많습니다. 중학교 수학은 계산력과 공식 활용 능력이 있으면 절반 이상의 문제를 풀 수 있습니다. 하지만 고등학교 1학년부터는 개념을 정확히 이해해야 해결할 수 있는 문제가 본격적으로 등장합니다. 하나의 개념이 다양한 형태의 문제로 출제되기 때문에, 단순히 풀이 방법을 외우는 공부 방식으로는 한계가 생깁니다. 이는 고등학교에서 배우는 수학이 중학교 때까지 배운 수학과 근본적으로 다르기 때문입니다.

중학교에서 수학은 개별적인 개념을 배웁니다. 예를 들어, 중학교 2학년 때는 1차 함수를, 중학교 3학년 때는 2차 함수를 배웁니다. 하지만 고등학교 1학년에서는 함수라는 개념 자체를 배웁니다. 고등학교에서 배우는 함수는 1차 함수와 2차 함수뿐만 아니라 3차 함수, 다항함수, 유리함수, 삼각함수 등 다양한 함수가 포함되며, 모든 함수에 적용할 수 있는 개념을 알아야 합니다. 따라서 고등학교 함수 문제는 함수의 개념을 제대로 이해하지 못하면 해결할 수 없게 됩니다. 이 점이 학생들이 고등학교 수학을 어려워하는 이유 중 하나입니다.

또한, 고등학교에서는 함수라는 한 개념이 여러 함수에 적용되기 때문에 문제 유형이 훨씬 다양해집니다. 고등학교 2, 3학년에서는 1학년 때 배운 개념을 기본적으로 알고 있어야 하며, 이를 활용할 줄 알아야 문제를 풀 수 있습니다. 한 문제에 다양한 수학 용어가 등장하며, 이 중 하나라도 개념을 정확히 알지 못하면 문제를 파악하기 어렵습니다. 특히 고등학교 2, 3학년이 되면 학생들이 문제 자체를 이해하는 데 어려움을 겪는 경우가 많습니다. 개념을 모르면 문제를 제대로 파악할 수가 없기 때문입니다.

문제 풀기에는 공식과 계산력이 필요하고, 문제를 파악하는 데는 개념 이해가 필수합니다. 고등학생이 되어 수학 성적이 떨어지는 가장 큰 이유는 잘못된 공부 방법 때문입니다.

☆ 잘못된 공부 방법: 문제 풀이 위주의 학습

문제 풀이에만 집중하는 방식으로 공부하는 학생들은 중학생 때부터 점차 어려움을 느끼기 시작합니다. 이런 방식이 고등학교에 올라가면 더 큰 문제로 이어집니다.

1 문제 파악 자체를 못하는 문제가 많아진다.
2 새로 배우는 내용의 이해가 점점 어려워진다.
3 수학 공부를 하려고 하면 부담이 가고 머리가 맑지 못하다.
4 마음이 불안하다.
5 문제를 풀어 보면 오답 비율이 높다.
6 공부했던 내용이 생각나지 않는다.

어려운 문제는 문제를 파악하는 것이 교과서의 개념을 읽고 이해하는 것보다 어렵습니다. 따라서 교과서 개념을 제대로 이해하지 못하는 학생은 문제를 해석하는 데도 어려움을 겪습니다. 결국, 고등학교에 올라와서 성적이 떨어지는 가장 큰 이유는 개념을 충분히 이해하지 못한 채 문제 풀이만 반복하는 잘못된 학습 습관으로 인해 이해력 등의 학습 능력이 충분하게 발달하지 못했기 때문입니다.

제6장

사교육 효과는 얼마나 될까?

제6장 사교육 효과는 얼마나 될까?

1. 사교육 효과가 얼마나 있을까?

사교육의 효과는 단기적으로는 분명히 있습니다. 하지만 장기적으로는 투자한 만큼 사교육 효과가 있는 학생은 별로 없습니다. 사교육 효과를 크게 본 지극히 소수에 가려진 부작용을 겪는 다수의 학생이 있습니다. 사교육의 효과를 얻는 학생과 부작용을 얻는 학생의 차이점을 알아보겠습니다.

사교육을 시작하면 새로운 자극을 받고 공부 시간이 많아지고 학습량이 늘어 성적이 오르면 사교육 효과가 있는 것처럼 보입니다. 그러나 시간이 지나면서 사교육 효과가 더 이상 나타나지 않는 학생이 많습니다. 서너 달만 지나도 성적이 지체되는 학생도 있습니다. 시간이 흐르면서 원래 습관으로 돌아가거나 과도한 사교육으로 학습 부담을 느껴 부작용이 생기는 학생도 적지 않습니다.

특히 사교육의 장기적 효과는 학생마다 차이가 크게 납니다. 약 30% 정도의 학생은 지속적인 효과를 보이지만, 나머지 70% 정도의 학생은 효과를 얻지 못하거나 오히려 부작용으로 수학 공부를 포기하게 되기도 합니다. 수학 과목의 경우, 문제 풀이 중심의 사교육 방식은 단기적으로는 성적을 올리는 데 큰 도움이 될 수 있지만, 장기적으로는 학습의 본질적인 차이를 만들지 못하여 효과가 지속되지 않고 오히려 부작용을 얻습니다.

많은 학생이 학원에서 지나치게 많은 문제를 풀며 스트레스를 받다가 결국 수학에 대한 흥미를 잃습니다. 수학을 포기한 학생들의 상당수가 학원의 강도 높은 학습 방식에 지쳐 공부를 그만둔다고 말합니다. 또한, 사교육이라도 개인 맞춤형 학습을 제공하기 어렵기 때문에 학생 개개인의 학습 수준과 방식에 적절히 대응하기 어렵다는 한계도 있습니다.

결국, 사교육의 장기적인 효과를 결정짓는 핵심 요인은 학생에게 있습니다. 능동적으로 학습하는 학생은 사교육의 도움을 받아 성장을 이어가지만, 수동적으로 학습하는 학생은 초기에만 효과를 보고 장기적인 효과를 보지 못하거나 오히려 학습에 대한 부담만 커집니다. 단기적으로는 누구나 사교육의 효과를 느낄 수 있지만, 장기적으로 의미 있는 변화를 만들려면 학습에 대한 주도적인 자세가 필수적입니다.

2. 능동적인 학생과 수동적인 학생

사교육을 받는 학생 중에는 교사가 시키는 대로 잘 수행하며 공부하는 학생이 있습니다. 이런 학생들은 성실해 보여 교사가 좋아하지만, 실상은 수동적인 태도로 학습하고 있습니다. 교사의 설명을 그대로 받아들이고, 시키는 문제를 반복적으로 푸는 방식으로 공부하는 것이죠. 처음에는 성적이 빠르게 오를 수 있지만, 학년이 올라갈수록 점점 따라가기 어려워지게 됩니다.

왜냐하면, 수학은 학년이 올라갈수록 난이도가 높아지기 때문입니다. 시키는 공부만 하는 학생은 문제 해결을 위한 판단력과 생각하는 힘이 길러지지 않아 학년이 올라가면서 한계를 겪게 됩니다. 공부한 내용이 차곡차곡 쌓이고 학습 능력도 점점 좋아져야 하는데, 시험이 끝나면 배운 내용은 쉽게 잊혀지고, 능력이 향상되지 않고 제자리걸음으로 결국 사교육의 효과는 점점 줄어들게 됩니다. 이런 학생은 결국 고등학교 수학 공부를 포기하게 됩니다.

반면, 능동적인 학생은 학습 과정에서 끊임없이 질문합니다. 교사의 설명을 듣고 그냥 외우는 것이 아니라, 이해되지 않는 부분을 질문하거나 스스로 고민하고 해결하려 합니다. 설명을 들으며 자신의 방식으로 내용을 정리하고, 필요할 때 질문을 던지며 학습을 심화시킵니다. 이렇게 공부해야 내용이 쌓이고 학습능력이 향상됩니다. 이런 태도가 자기 주도 학습으로 이어지고, 결국 장기적인 성장을 가능하게 합니다.

시키는 것만 수행하는 학생에게는 교사가 어떻게 공부해야 하는지 알려주기 때문에 학생이 스스로 고민할 필요가 없습니다. 이러한 방식은 자신의 공부 방법을 끊임없이 개선하고 발전시키는 것을 방해합니다. 사교육에서 교사가 시키는 대로만 공부하는 학생은 성적이 떨어지면 원인을 스스로 파악하지 못하고, 공부량을 늘리는 것만이 해결책이라고 생각하게 됩니다. 하지만 단순히 많은 문제를 푸는 것은 근본적인 해결 방법이 아니어서 상황이 악화됩니다.

사교육 효과	수동적 학생	능동적 학생
단기	약간 있음	있음
장기	오히려 역효과	있음

결국, 장기적으로 사교육의 효과를 보는 학생은 학습 능력을 지속적으로 발전시키는 학생입니다. 반면, 수동적인 태도로 공부하는 학생은 능력이 발달하지 않아서 점점 학습 부담이 커지고, 결국 수학을 포기하는 경우가 많습니다. 사교육을 효과적으로 활용하려면 단순히 따라가는 것이 아니라, 능동적으로 사고하고 학습하는 태도를 가져야 합니다.

3. 학습지, 학원 그리고 과외의 선택

초등학교 저학년 때는 학습지나 문제집 한 권 정도로 수학 공부를 하는 경우가 많습니다. 학생이 문제를 풀면 학습지 교사나 부모가 채점하고, 틀린 문제를 다시 풀게 합니다. 초등학교 고학년이나 중학생이 되면 학원에 다닐지 고민하기 시작합니다. 중학교 3학년이나 고등학교 1학년이 되면 학원 수업이 어렵고 힘들다고 느끼는 학생들이 많아지고, 학원을 옮기거나 과외를 고려하는 경우가 많습니다.

학년이 올라갈수록 왜 사교육 방식을 바꿔야 할까요? 그렇게 여러 번 사교육을 바꾸며 하는 공부가 과연 효과가 있었을까요? 결론부터 말하면 아닙니다. 실제로 고등학교 3학년 학생 중 약 3분의 2가 사실상 수학을 포기하는 현실이 이를 보여줍니다. 사교육을 바꾸는 것이 답이 아니고 진짜 해결책을 찾아야 합니다.

사교육을 바꾸는 이유를 학생의 관점에서 보면 수학 공부를 따라가기 어려워서입니다. 이런 어려움이 사교육 형태를 바꾼다고 해결될까요? 계산만 잘해도 되는 초등학교 수학과 달리 고등학교 수학에서는 계산만 하여 해결되는 문제는 아예 없습니다. 초등학교에서 하던 방식 그대로 고등학교 수학을 공부하면 해결할 수 있는 문제가 없습니다.

따라서 학년이 올라갈수록 수학 공부법도 변화해야 합니다. 학년이 올라감에 따라서 수학은 계산에서 개념으로 바뀌고 이에 따라서 공부 방법도 변화해야 하는 데 학생의 공부법의 변화 없이 사교육을 바꾼다고 해서 수학 공부의 어려움이 해결되지 않습니다.

초등학교 저학년 때는 단순히 계산만 잘해도 높은 성적을 받을 수 있어 학습 방법의 중요성을 인식하기 어렵습니다. 하지만 초등학교 고학년이 되면 계산만으로 해결할 수 없는 문제가 등장하기 시작합니다. 예를 들어, 비와 비율은 개념을 정확히 이해하지 않으면 관련 문제를 풀기 어렵습니다. 단순 계산 실력이 좋다고 해서 수학을 잘하는 것이 아니라는 점을 이 시기에 깨닫게 되는데 그 이유를 잘 알아차리지 못합니다.

중학교에서는 더욱 추상적인 개념이 등장합니다. 문자와 식, 방정식, 함수 등이 포함되면서 개념을 이해하지 않으면 계산 능력이 아무리 뛰어나도 수학이 어려울 수밖에 없습니다. 예를 들어, 유리수의 정의 하나만 봐도 유한소수, 순환소수 등 여러 개념과 연결되어 있어 문제 유형도 단순하지 않고 문제를 푸는 데 있어 논리적인 사고력과 판단력을 요구합니다.

특히, 중학교 수학과 고등학교 수학의 수준 차이는 초등학교에서 중학교로 넘어갈 때보다 훨씬 큽니다. 수학을 잘하려면 학생의 학습 능력도 함께 성장해야 하는데, 학생의 학습 태도는 그대로인데 사교육 방식만 바꾼다고 해서 수학을 잘하게 되지 않습니다. 학년이 올라갈수록 수학을 잘하기 위해서는 사교육에 의존하기보다 학생 스스로 학년에 따라 변화하는 수학 내용에 맞게 공부하는 방식도 변화해야 합니다.

4. 수학 학원, 언제 보내야 할까?

사교육을 고려할 때, 중요한 점은 사교육 효과가 오랫동안 지속되기가 어렵다는 점입니다. 보통 사교육을 계속해서 2년 정도 받으면 그 효과가 사라지거나 오히려 악화하기 시작합니다. 오랜 기간 사교육에 의존하면 학생은 자기 주도 학습을 하지 못하고, 과도한 문제 풀이로 인해 수학 공부 자체를 싫어하게 됩니다. 실제로 고등학생 중 사교육을 받은 학생들이 그렇지 않은 학생들보다 수학을 포기하는 비율이 훨씬 높은 사실에 주목해야 합니다.

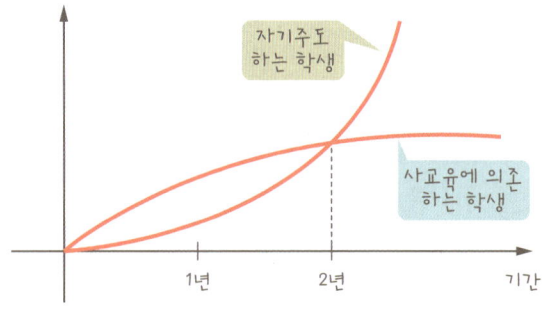

초등학교 때부터 학원에 다니며 많은 문제를 푼 학생들은 중학교 2학년쯤 되면 수학 공부에 대한 흥미를 잃기 시작합니다. 중학교 1학년부터 학원에 다닌 학생도 중학교 3학년이 되면 수학 공부를 부담스러워합니다. 사교육을 시작한 지 약 2년이 지나면 많은 학생이 수학 공부에 지쳐버리는 것입니다. 이는 학생이 적절한 학습량을 소화한 것이 아니라, 학원에서 시키는 과도한 양의 문제 풀이로 인해 학습 부담이 누적된 결과입니다. 따라서 사교육을 활용하더라도 전적으로 의존하기보다는, 부족한 부분을 보완하는 보조 수단으로 한정해야 긍정적인 효과를 얻을 수 있다.

사교육이 수학 공부에 꼭 필요한 것은 아닙니다. 어릴 때는 부모가 지도하다가 더 이상 봐줄 수 없어 학원에 보내는 경우가 많지만, 이렇게 시작된 학습은 학생을 수동적인 학습자로 만들기 쉽습니다. 자기 주도적인 학습 습관이 없는 학생은 초등학생 때나 중학생 때는 시키는대로 공부하다가 고등학교 수학을 접하면서 갑자기 따라가기 힘들어합니다.

반면, 사교육 없이 혼자 공부하는 학생은 시험 성적이 좋지 않으면 자신도 모르는 사이 원인을 분석하고, 다음 시험에서 이를 보완하는 과정을 겪습니다. 시행착오를 통하여 자신의 학습 방법을 발전시키는 것입니다. 그런데 사교육에 의존하는 학생은 사교육 교사가 문제점을 분석해 주고, 학생은 그 지시에 따르느라 급급하여 스스로 학습법을 개선할 기회를 얻지 못합니다.

사교육 교사의 기준은 시험에서 100점 만점을 받는 데 있습니다. 따라서 사교육을 받는 학생에게는 과도한 요구입니다. 사교육을 따라서 하다 보면 지치는 것은 너무도 뻔한 결과입니다. 이 요구를 중학교까지는 억지로 따릅니다. 이때가 한계죠.

고등학교에 올라가면서 수학이 갑자기 어려워지면, 어떻게 해결해야 할지 몰라 결국 포기하는 경우가 많습니다. 겉으로는 갑작스러운 포기처럼 보이지만, 사실은 오랜 기간 시키는 공부만 해오면서 쌓인 부담감이 누적된 결과입니다.

그렇다면 수학 학원을 언제 보내는 것이 좋을까요? 이 질문에 대한 정답은 학생마다 다를 수밖에 없습니다. 하지만 한 가지 확실한 것은, 사교육을 오래 받아도 결국 사교육을 받지 않은 학생과 큰 차이가 나지 않는다는 점입니다. 사교육이 필수라는 고정관념을 버리고, 학생 스스로 무엇이 필요한지를 찾는 것이 중요합니다. 만약 본인이 부족한 부분을 알고도 혼자 해결하기 어려울 때, 그때가 사교육을 고려할 적절한 시점입니다. 정확한 이유 없이 사교육에 의존하면 효과는 일시적일 뿐이며, 장기적으로는 부작용이 더 클 수 있다는 점을 명심해야 합니다.

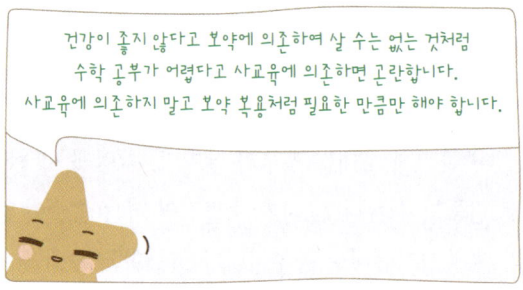

5. 동영상으로 공부하면 효과가 얼마나 있을까?

동영상 강의는 잘만 활용하면 저비용으로 대면 교육의 부족한 부분을 보완할 수 있는 학습 도구가 될 수 있습니다. 하지만 기대와 달리 동영상 수업 효과는 높지 않습니다. 동영상을 효과적으로 활용하려면 어떻게 해야 할까요?

코로나 시기에 대면 수업이 어려워지면서 동영상 강의가 주된 학습 방식이 되었었죠. 동영상 강의의 장점 중 하나는 학생이 이해하지 못한 부분을 언제든 다시 볼 수 있다는 점입니다. 게다가 동영상 촬영 시 교사는 대면 수업보다 더욱 철저하게 준비합니다. 하지만 기대와 달리, 동영상 강의의 학습 효과는 대면 수업보다 떨어지는 것으로 나타났습니다.

실제로 코로나 기간 한 학기 동안 수업을 동영상 강의로만 진행한 뒤, 코로나 이전과 동일한 시험 문제로 평가를 진행한 적이 있습니다. 대면 수업 당시 평균 성적은 100점 만점에 57점이었으나, 동영상 강의로 진행한 학기의 평균 성적은 28점에 불과했습니다. 이 실험은 단일 학급이 아니라 6개 학급을 대상으로 진행된 것으로, 동영상 학습 효과가 대면 수업의 절반에도 미치지 못하는 결과를 보였습니다. 학생들이 동영상 강의를 시청한 평균 시간은 강의 시간의 3배에 달했습니다. 실제로 동영상 강의를 여러 번 시청한 거죠. 그럼에도 시험 결과는 기대에 한참 미치지 못했습니다.

그렇다면, 왜 더 철저히 준비한 동영상 강의, 그리고 언제든 다시 볼 수 있는 동영상 강의가 단 한 번의 대면 강의보다 학습 효과가 낮은 것일까요?

가장 큰 이유는 집중력과 현장감의 차이다.

동영상 강의를 볼 때 학생의 집중력은 대면 수업 때보다 현저히 낮습니다. 아무리 여러 번 다시 듣는다 해도 집중력이 떨어진 상태에서는 학습 효과를 극대화하기 어렵습니다. 집중력 차이는 결국 개념의 이해도 차이로 이어지며, 대면 수업의 효과를 동영상 강의로 따라잡기 힘든 이유입니다.

집중력 차이는 동영상이라는 매체의 특성에서 비롯된다.

이를 스포츠 경기 관람에 비교해 보겠습니다. 경기장에서 직접 관람하는 것과 TV 중계를 보는 것은 경기의 이해도에서 차이가 큽니다. 또한 현장에서 보는 경기는 단순한 정보 전달을 넘어 생생한 경험으로 기억에 오래 남지만, 반면 TV 중계 시청은 상대적으로 흥미가 떨어지고 기억도 오래가지 않습니다. 마찬가지로, 수학 공부도 동영상 강의보다 대면 수업이 더 오래 기억에 남고 학습 이해도도 높습니다.

이러한 현상은 연극, 뮤지컬, 가수 공연에서도 비슷하게 나타납니다. 같은 공연이라도 TV로 두세 번 보는 것보다, 현장에서 한 번 관람하는 것이 훨씬 더 깊은 감동을 얻습니다. 그래서 사람들은 비싼 비용과 이동의 번거로움을 감수하고도 직접 공연장을 찾습니다. 동영상 강의가 대면 강의보다 효과가 떨어지는 이유를 또 다른 예에서도 이해할 수 있습니다. 똑같은 대화 내용을 직접 만나서 이야기하는 것이 전화로 이야기하는 것보다 의사소통에 훨씬 효과적입니다.

대면 수업과 동영상 강의는 강의 속도 차이도 있습니다. 대면 수업에서는 학생들의 반응을 보며 교사가 즉석에서 속도를 조절할 수 있습니다. 학생들이 어려워하는 부분은 반복해서 설명하거나 속도를 늦추지만, 동영상 강의는 일정한 속도로 진행되므로 이해가 부족한 상태에서도 강의가 쉼 없이 계속 나아가게 됩니다. 이 역시 학습 효과 차이를 만드는 한 요인입니다.

그렇다면, 동영상을 활용한 학습을 효과적으로 하기 위해서는 어떻게 해야 할까요? 가장 좋은 방법은 동영상을 보조 수단으로 활용하는 것입니다. 즉, 공부의 중심은 교과서를 읽고 개념을 익히는 데 두고, 이해가 어려운 부분만 동영상을 활용하여 보완하는 방식이 효과적입니다. 만약 동영상 강의를 활용해야 한다면, 높은 집중력을 유지할 수 있도록 한 번에 짧은 시간씩 나누어 시청하는 것도 한 방법입니다. 이렇게 하면 동영상 학습의 단점을 최소화하면서도 효율적인 학습이 가능합니다. 동영상 강의를 시청하면서 학습 효과를 얻으려면 엄청난 집중력이 필요합니다.

6. 유형별 문제집의 장단점 파헤치기

시험 문제는 유형별로 배열하지 않습니다. 유형별 문제집으로 시험 준비하는 학생이 시험에서 실패하는 가장 큰 요인입니다. 그런데도 학생들이 유형별 문제집을 선호하는 이유는 무엇일까요?

시중에는 개념, 유형, 실전 테스트 등 여러 종류의 문제집이 있습니다. 그런데 이들 문제집의 문제 구성은 모두 비슷합니다. 이와 구성이 다른 문제들은 교과서의 각 단원 끝에 있는 연습문제, 종합 문제 또는 단원평가에서 찾을 수 있습니다. 학교 시험이나 모의고사, 수능도 유형별 문제 배열이 아닙니다. 학생이 제일 싫어하고 공부하기 힘들어하는 문제 구성이 교과서의 단원 끝에 있는 연습문제, 종합 문제 또는 단원평가 문제이고 제일 편하게 생각하는 문제집이 유형별 문제집입니다.

학생들이 가장 많이 사용하는 문제집 역시 유형별 문제집입니다. 개념 편이라는 문제집도 살펴보면 문제를 유형별로 배열하였습니다. 왜 이런 현상이 일어났을까요? 유형별 문제집을 풀면 다른 문제집 풀이보다 실력과 성적의 향상에 도움이 될까요? 유형별 문제집이 정말 효과적인 학습 방법인지, 그리고 그 한계는 무엇인지 살펴보겠습니다.

(1) 유형별 문제집이 인기 있는 이유

뜻있는 수학자가 유형별 문제집과 정반대로 구성한 문제집을 발간한 경우는 여러 번 있었습니다. 그러나 모두 판매 부진을 겪고 시장에서 사라졌습니다. 학생이 문제집을 선택하는 선호도를 알고 있는 수학자들은 좋은 문제집과 인기 있는 문제집은 다르다고 이야기합니다. 다시 이야기하면 유형별 문제집은 좋은 문제집이 아닙니다. 그런데도 인기 있는 이유가 있습니다.

유형별 문제집은 한 개의 개념이나 식에 관련된 대표적인 문제와 그 풀이 과정을 예제로 보여주고, 이어서 같은 개념이나 식을 사용하는 같은 유형의 문제를 배치합니다. 학생들은 예제 풀이 방법만 기억하면 이후의 문제를 쉽게 풀 수 있어 문제 풀기가 수월합니다. 문제를 풀면서 고민할 필요가 적으니 자연스럽게 유형별 문제집을 선호하게 되는 것입니다. 이렇게 한 개념에 대해 집중적으로 문제를 풀다 보면 시험에서 문제를 잘 풀 수 있을 것 같은 생각이 듭니다.

하지만 쉽게 공부한 결과가 성적으로 자연스럽게 이어지는 않는 사실에 주목해야 합니다. 왜 그럴까요?

(2) 유형별 문제집의 효과

초등학교나 중학교 저학년까지는 학습할 유형의 수가 많지 않기 때문에, 유형별 풀이법을 외우는 방식이 학교 시험 성적에 효과를 볼 수 있습니다. 시험에서도 빠르게 문제를 풀 수 있다는 장점이 있어 학생들은 이러한 방법을 선호합니다.

그러나 이 방식은 단기적인 효과에 불과합니다. 유형별 문제집을 통해 학습하면 문제를 해결하는 해결력, 사고력보다 풀이 방법을 단순히 기억하는 습관이 형성됩니다. 결국 처음 보는 문제를 접했을 때는 해결하는 데 어려움을 겪게 됩니다. 유형별로 문제를 푸는 학생들은 문제를 푸는 과정에서 풀이 방법에 초점이 있고 개념을 생각하지 않게 됩니다. 초등학교나 중학교 1학년처럼 저학년일 유형별 문제집을 사용하면 얼마든지 성적 상승의 효과를 볼 수 있습니다. 그런데 이 방법으로 공부한 학생은 고등학생이 되어서 수학 공부의 어려움을 겪게 됩니다. 이유를 알아보겠습니다.

(3) 유형별 문제집의 부작용

유형별 문제집 사용으로 어떤 부작용이 있는지 알아보고 왜 그런 부작용이 발생하는지 알아보겠습니다. 가장 큰 문제는 처음 보는 문제를 스스로 해결하지 못하는 경우가 많다는 점입니다. 유형별로 풀이 방법을 외운 학생들은 낯선 문제를 만나면 어떻게 접근해야 할지 몰라 막막해합니다. 이는 수학 실력 향상에 치명적인 장애가 됩니다.

유형별 문제집을 푼 학생들은 문제를 읽고 파악하는 능력이 떨어지는 경우가 많습니다. 문제를 유형별로 정리해 놓았기 때문에 굳이 문제를 분석하지 않아도 무슨 내용에 관한 문제인지 저절로 알 수 있어 풀이 방법을 쉽게 생각할 수 있기 때문입니다. 하지만 실제 시험에서는 여러 유형이 뒤섞여 출제되므로, 문제를 읽고 해결 방법을 스스로 찾아야 하는데, 평소 유형별로 문제를 풀기에 그런 훈련 기회가 없습니다.

특히, 고등학교에 올라가면서 유형별 문제 풀이 방법을 암기하는 것에 의존했던 학생들이 갑자기 수학을 어려워하는 경우가 많습니다. 중학교 때까지는 유형별 풀

이 방식이 어느 정도 통했지만, 고등학교에서는 하나의 개념이 여러 개의 작은 개념을 포함하고 있어, 문제의 유형이 훨씬 다양해 지기 때문에 유형을 외우는 방식으로는 감당하기 어려워집니다. 따라서 자신이 공부하는 방법이 통하지 않게 되어 수학을 포기하고 싶어집니다.

또한, 유형별 문제집을 풀다 보면 "처음 보는 문제는 못 풀어도 괜찮다."라는 잘못된 생각이 자리 잡을 수도 있습니다. 이미 풀어 본 문제를 반복해서 푸는 것은 공부가 아닙니다. 처음 보는 문제를 해결하는 능력이 없다면 공부의 의미가 없습니다. 처음 대하는 문제를 풀지 못하면 좋은 성적을 받기가 어렵습니다.

(4) 올바른 학습 방법

마음이 편안하면 올바른 학습 방법으로 공부하고 있다고 여겨도 됩니다. 고등학생이 되어서 수학 공부가 갑자기 어렵고 힘들다는 학생이 많습니다. 초등학교부터 해오던 공부 방법이 고등학교 수학에는 맞지 않기 때문입니다.

문제를 유형별로 외워서 푸는 것은 고등학교 수학을 기준으로 하였을 때는 정말 잘못된 방법입니다. 물론 이 방법은 초등학교나 중학교 수학 공부에서도 옳지 않은 방법이지만, 그럼에도 기대했던 성적을 받게 되면 잘못된 방법이라고 생각하지 못합니다.

문제를 풀지 못할 때 조그만 힌트만 있어도 문제를 풀 수 있는 경우가 많습니다. 그러나 시험 시간에는 이런 힌트를 얻을 수 없습니다. 그런데 유형별 문제 배열은 이런 힌트가 주어진 것이나 마찬가지입니다.

문제를 풀 때 첫 단계를 찾는 것이 제일 어렵습니다. 첫 단계를 잘 찾아야 학교 시험에서 좋은 성적을 기대할 수 있는데 유형별 문제집 사용은 이 훈련 기회가 없습니다. 저학년 때 유형별로 문제를 풀어서 좋은 성적을 얻었다고 그 방법을 고집

하면 반드시 어려움을 겪게 됩니다.

문제 풀이의 첫 단계를 찾는 훈련은 문제에 등장하는 용어의 개념으로부터 시작됩니다.

7. 오답 노트, 과연 얼마나 효과가 있을까?

많은 학생이 시험 준비 과정에서 오답 노트를 만들도록 권유받습니다. 오답 노트를 잘 활용하면 학교 시험 성적을 높일 수 있을 것이라는 기대 때문입니다. 평소에 이미 해결한 문제는 시험에서 풀 수 있으리라고 여기고, 틀렸던 문제의 풀이법을 익혀서 시험에 대비하면 높은 성적이 가능하다는 생각이 들게 됩니다. 하지만 현실은 기대와 다를 때가 많습니다. 오답 노트의 효과가 제한적인 이유를 살펴보겠습니다.

(1) 최상위권 학생들은 오답 노트를 만들지 않는다

최상위권 학생들은 오답 노트를 만들지 않습니다. 틀린 문제를 만났을 때, 그 순간 바로 원인을 파악하고 해결하기 때문입니다. 문제를 틀렸다면 곧바로 부족한 개념을 보완하고, 다시는 같은 실수를 하지 않도록 즉시 공부합니다.

반면, 오답 노트를 만드는 학생들은 틀린 문제를 나중에 다시 복습하기 위해 기록하는 것입니다. 하지만 이렇게 미뤄둔 공부 마저 나중에 제대로 다시 할지 의문이 듭니다. 게다가 오답 노트를 만드는 습관은 개념 이해가 부족한 채로 공부를 계속해 나가고 있음을 의미할 수도 있기 때문입니다.

(2) 오답 노트가 실력 향상으로 이어지지 않는 경우

오답 노트의 가장 큰 문제점은, 단순히 풀이 과정을 기록하는 데 초점이 맞춰져 있다는 것입니다. 문제를 틀리는 원인은 개념을 정확히 이해하지 못했기 때문인데, 많은 학생이 풀이 과정을 적는 방식으로 오답을 정리합니다. 오답의 원인과 해결책이 어긋난 것입니다.

오답을 낸 문제를 해결하는 핵심 방법은 풀이 과정을 암기하는 것이 아니라, 문제에 등장하는 개념을 바탕으로 스스로 해결 방법을 찾아내는 것입니다. 문제를 읽고 풀이 방법을 생각해 내는 과정이 학습의 핵심인데, 오답 노트는 종종 이를 간과하게 만듭니다.

이러한 방식으로 오답을 정리하면, 시험에서 문제가 조금만 변형되어도 문제를 풀지 못하게 됩니다. 개념을 제대로 이해하지 못한 채 풀이법만 외웠기 때문이다.

8. 내신과 수능

(1) 학교 시험, 모의고사, 수능 시험의 차이

학교 시험에서는 시험 준비를 잘한 학생이 좋은 성적을 얻습니다. 모의고사에서는 아는 것이 많은 학생이 좋은 성적을 받습니다. 수능에서는 아는 그것도 중요하지만, 문제를 해결하는 능력도 필요합니다. 수리 논술의 경우, 개념을 이해하고 문제 풀이 과정을 논리적으로 서술해야 좋은 성적을 기대할 수 있습니다. 짧은 기간에 논술학원에서 수리 논술을 연습한다고 해서 좋은 성적을 받을 수 있는 것이 아닙니다.

(2) 초등학교 수학 시험

초등학교 시기에는 문제 풀이 방법을 유형별로 외우고 많이 풀어 보면 시험에서 좋은 성적을 얻을 수 있습니다. 이런 이유로 초등학생 때 문제 풀기가 수학 공부라는 그릇된 인식이 자리 잡을 수 있습니다.

특히 초등학교 고학년이 되면서 분수의 덧셈, 뺄셈 등의 단원에서 많은 문제를 풀어 보면서 수학 공부를 지겨워하는 학생들이 많습니다. 분수의 계산에서 통분을 왜 해야 하는지 의미를 이해하지 못한 채 반복적으로 풀다 보면 수학에 대한 흥미를 잃을 수 있습니다. 따라서 초등학교 시절에는 성적보다 이해하며 공부하는 습관에 더 집중하는 것이 중요합니다.

(3) 중학교 수학 시험

중학교에서 성적이 떨어지는 이유는 대부분 '개념을 모른다.'라는 것입니다. 초등학생 때와 달리, 문제를 많이 풀었다고 해서 반드시 높은 성적을 얻는 것도 아닙니다. 중학생은 문제 풀이로 성적을 유지하려 하지만, 이 시기에 성적이 떨어지는 주된 이유는 내용을 제대로 이해하지 못하기 때문입니다. 중학생은 개념을 잘 모르면 문제를 풀어도 성적이 향상되지 않습니다. 따라서 문제를 많이 푼다고 성적이 올라가는 것이 아니라, 개념을 제대로 이해하고 그 지식을 바탕으로 문제를 푸는 것이 중요합니다.

(4) 고등학교 수학 시험

고등학교에서는 수학 과목을 가장 어려워하는 학생들이 많습니다. 고등학교 수학 시험은 개념을 정확히 이해하고, 그 개념을 바탕으로 다양한 유형의 문제를 풀어야 좋은 성적을 얻을 수 있습니다. 고등학교에서 배우는 개념은 중학교에서 배운 여러 개념을 바탕으로 이해할 수 있으며, 하나의 개념을 이해하려면 여러 가지 개념을 연결하여야 합니다. 단순히 문제 유형별로 풀이 방법을 외우는 것은 더 이상

통하지 않으며, 문제를 풀기 위해서는 기본 개념에 대한 깊은 이해가 필요합니다. 고등학교 수학 시험에서는 처음 보는 문제를 풀 수 있는 능력이 중요하며, 이를 위해서는 기본 개념에 충실하고 다양한 유형의 문제를 풀어 보는 것이 필요합니다.

(5) 모의고사

모의고사와 학교 시험의 가장 큰 차이는 시험 범위입니다. 모의고사는 시험 범위가 제한적이지 않기 때문에 단기간에 준비하여 성적을 올리기는 어렵습니다. 모의고사는 평소 실력을 잘 반영하며, 학교 시험 성적과 비교하여 자신의 수학 공부 습관을 파악할 수 있습니다.

모의고사 성적(등수)이 학교 성적보다 더 좋은 학생 중에는 비 노력형인 학생이 많습니다. 이런 학생은 수학 공부 시간을 늘리고 문제 풀기를 많이 할 필요가 있습니다. 반대로 학교 시험 성적은 좋은데 모의고사 성적이 좋지 않은 학생은 수학 개념에 대한 이해가 부족한 학생일 가능성이 높습니다. 이런 학생은 문제 풀이보다 개념 공부에 충실할 필요가 있습니다.

모의고사 문제는 시험 범위가 광범위하기에 쉽고 기본적인 것을 묻는 문제가 많습니다. 문제 풀기 훈련을 하지 않아도 풀 수 있는 문제들이 대다수입니다. 서너 문제를 제외한 나머지 문제는 상당히 쉽고 개념만 알면 풀 수 있는 문제들로 구성되어 있으므로, 모의고사 성적이 좋지 않다면 기본적인 개념 공부가 약하다고 이해하여야 합니다.

(6) 수능

수능 시험 출제 범위가 고등학교 2학년과 3학년 때 배운 내용이라고 해도 그 이전에 배운 내용을 모르면 곤란합니다. 결국 시험 범위는 교과과정 전체라고 생각해야 합니다. 게다가 수능 시험 당일에 수학 과목만을 시험 보는 것이 아닙니다. 이런 이유로 단기 암기력으로 수능 대비를 하기는 불가능에 가깝습니다.

　수능 수학 시험 준비에 많은 시간과 노력을 투자하고도 좋지 못한 결과를 얻는 학생이 있는 반면에 힘들지 않게 수능에서 3등급 이상을 받는 학생도 있습니다. 수능 문제를 분석해 보면 약 30%는 아주 간단한 개념 문제입니다. 공식이나 정리를 사용하는 문제 중 개념을 이용하여 간단히 정답을 찾을 수 있는 문제 역시 20% 정도입니다.

　즉, 전체의 약 50% 정도가 개념과 개념의 간단한 활용으로 풀 수 있습니다. 이렇게 간단하고 쉬운 문제를 정확하게 풀고 추가로 몇 문제만 더 풀 수 있다면 3등급이 가능한 셈입니다. 중상위권이라는 3등급 성적은 많은 문제 풀기가 아닌 바르게 공부만 해도 가능하다는 것입니다. 그래서 교과서를 철저히 공부하고 문제집 한 권 정도만 풀고도 3등급을 받는 학생이 있는 것입니다. 개념(내용)을 정확하게 알지 못하면 문제를 아무리 많이 푼다 해도 3등급도 어려울 수 있습니다.

　2등급은 개념만 잘 아는 것으로는 부족합니다. 많은 문제 풀기를 동반하여야 합니다. 또 처음 보는 문제를 풀 수 있는 능력이 있어야 합니다. 처음 보는 문제를 풀 수 있으려면 개념을 문제 풀이에 적용할 수 있어야 합니다. 많은 문제를 풀면서 빠르고 정확하게 푸는 실력을 갖추어야 2등급이 가능합니다.

　수능 수학 30문제 중 3문제 또는 4문제 정도는 매우 어렵고 많은 계산을 요구합니다. 이런 문제는 시간을 많이 투자해야 정답을 찾을 수 있습니다. 이런 문제를 하나도 해결하지 못하면 1등급은 불가능합니다. 1등급을 받으려면 한 번이라도 풀어 보았거나 풀어 본 문제와 비슷한 문제는 빠르게 풀어서 시간을 절약하여야 합니다. 쉬운 문제에서 시간을 절약하고 그 절약한 시간을 복잡하고 어려운 문제 풀기에 투자해서 해결하여야 합니다.

　수능 수학 시험 시간은 100분이고 30문제입니다. 한 문제를 평균 3분 정도에 풀어야 합니다. 그러나 수능에서 3등급 이상의 성적을 받는 학생은 객관식인 첫 10

문제, 단답형의 처음 4문제, 선택형 객관식 첫 4문제, 선택형 단답형 첫 문제 등 쉽고 간단한 20문제 가까이 푸는데 25분 정도밖에 걸리지 않습니다. 이들 문제에서 약 30분 이상의 시간을 절약해서 남는 시간을 어려운 문제 해결에 투자하여야 1등급이 가능합니다.

단원별로 출제가 가능한 주제는 정해져 있습니다. 이런 주제에 관련된 문제 풀기가 숙달되어야 시간 절약이 가능합니다. 수능에 출제가 가능한 주제(개념)는 약 150개 정도입니다. 막연하게 문제를 많이 풀기보다 출제가 가능한 150개 개념을 잘 알고 있는지 하나하나 점검하고 나서 문제를 푸는 것이 효과적인 수능 대비 전략입니다.

(7) 수리 논술

수리 논술에서 가장 중요한 점은 '질문에 답하라!'입니다. 이는 수리 논술에 한정되는 이야기가 아니라 모든 과목 논술에 강조하고 싶은 이야기입니다. 대학 입시 설명회에서 논술에 대하여 가장 강조하는 내용이 '질문에 답하라!'입니다. 논술 시험 답안지를 채점하다 보면 답지를 아주 잘 썼는데 질문에 대한 답을 찾을 수 없는 경우가 전체 답안지의 약 70% 가까이 된다고 합니다. 질문에 대한 답이 아니면 아무리 글을 잘 썼더라도 점수는 0점임을 명심하여야 합니다.

수리 논술 시험은 문제 수가 두세 개이고 시간은 한 시간 이상으로 다른 시험과 비교하여 매우 길게 주어집니다. 수리 논술 문제를 풀 때는 문제 파악하기에 전체 시간 중 50%까지 투자하세요. 문제를 완전히 이해해야 문제 풀이를 시작할 수 있습니다. 문제가 무엇을 요구하는지 알지 못하면 어떤 답지를 작성해도 점수는 0점임을 명심해야 합니다. 논술 문제를 잘 파악해 보면 무엇을 써야 하는지가 문제의 지문에 주어져 있는 경우가 많습니다. 객관식 문제는 5개의 정답 후보를 보고 풀이 방향을 어느 정도 짐작할 수 있지만 수리 논술은 문제에 주어진 제시문을 이해해야만 답안 작성의 아이디어나 서술 방향을 찾을 수 있습니다.

수리 논술 문제는 문제 파악만 잘하면 풀기 쉬운 경우가 많습니다. 풀이를 쓸 때는 서술하는 내용의 근거를 제시하세요. 풀이를 쓸 때 점수에 영향을 주는 요소는 '얼마나 글을 잘 썼는가.'가 아니라 '얼마나 논리적으로 전개했는가.'입니다. 여기서 논리적이라는 이야기는 근거에 따른 풀이 전개를 이야기하는데 근거가 문제의 지문에 제시된 경우가 많습니다.

9. 문제집 5권 풀기 어떤 효과가 있나?

아주 가끔 수학 문제집 5권을 풀고 학교 시험을 잘 보았다는 이야기를 듣습니다. 학교 시험 준비로 문제집 5권을 풀려면 시간과 에너지를 엄청나게 투자해야 합니다. 이렇게 공부해서 설령 수학 과목에서 고득점을 받았다고 하더라도 이는 다른 과목을 공부할 시간마저 빼앗아 수학에 투자한 것임을 생각해야 합니다.

'수학 공부를 많이 하는 것을 좋아하는 학부모'

와

'학생의 수학 성적을 올려야 하는 사교육 교사'

의 합작품이 학생에게 많은 문제 풀이 요구로 나타납니다.

예를 들어 한 학원 20명의 학생 모두에게 문제집 5권씩을 풀게 하고 학교 시험을 보면 모두 좋은 결과를 낼까요? 이런 방법으로 좋은 결과를 내는 학생은 전체의 30%도 안 됩니다. 게다가 나머지 70%는 시간 낭비가 이만저만이 아닙니다.

문제집 한 권 정도만 풀고도 좋은 성적을 내는 학생의 비율과 문제집 5권을 풀고 좋은 성적 내는 학생의 비율은 별 차이가 없습니다. 결국 성적은 문제 푸는 양에 비례하지 않는다는 이야기입니다. 이런 결과는 앞서 설명한 것처럼 내용(개념)을 제대로 알지 못하면 여러 권의 문제집을 풀어도 실력이 별로 늘지 않기 때문입니다.

한 문제집을 여러 번 반복하여 푸는 것도 내용 이해에는 별 도움이 안 되며 단지 풀이 방법 기억에만 도움이 되는 공부 방법입니다.

문제집 여러 권 풀기보다 한 권을 풀더라도 푼 문제는 모두 정답을 내는 습관이 발전 가능성이 있고 높은 성적을 기대할 수 있습니다. 첫 시도에서는 느릴지라도 모든 문제를 풀 수 있도록 공부하는 것이 최선입니다.

10. 내신 성적 올리기

시험에서 좋은 성적을 올리기 위하여 많은 문제를 풀어 봅니다. 다음 두 경우는 문제를 많이 풀어도 시험에서 좋은 성적을 올릴 수 없습니다.

첫 번째, 풀리지 않는 문제가 많은 경우는 내용을 잘 모르는 경우입니다. 이 경우는 문제를 풀 때가 아닙니다. 내용 공부를 다시 해야 합니다.

두 번째, 오답이 발생하는 경우입니다. 오답이 단 하나가 아니라면 상황이 심각한 경우입니다. 문제를 읽고 문제를 풀었다는 것은 학생이 안다고 판단한 것인데, 오답이 나왔다는 것은 문제 풀이에 필요한 내용을 바르게 알고 있지 않다는 증거입니다. 결론적으로 학생은 모르고 있다는 사실을 모른 채, 알고 있다고 착각하고 있는 것입니다.

시험을 보기 전에 자신의 성적을 예측할 수 있습니다. 내용 공부를 마치고 처음 문제집을 풀었을 때 정답률과 실제 내신 성적은 별 차이가 없습니다. 예를 들어 한 학생이 내용 공부를 마치고 문제집을 풀기 시작했습니다. 한 단원에 있는 100개의 문제 중 75개를 풀었는데 그중 15개는 틀려서 전체 문제 100개 중 60개를 맞춘 학생이 있습니다. 이 학생은 틀린 문제는 다시 풀고, 풀지 못하는 문제는 주로 해설지를 참고하여 다시 풀어 보며 시험을 대비했습니다. 시험 전까지 90% 이상의 문제를 풀 수 있는 수준까지 문제 풀기를 계속하였습니다. 이 학생의 학교 시험 성적은 어떨까요?

시험 직전까지 문제집에 있는 문제의 90% 정도를 해결할 정도로 열심히 반복하여 문제를 풀었습니다. 시험 성적은 90점 정도를 예상하고 시험을 보지만 결과가 예상처럼 나오는 경우는 드뭅니다. 고등학생의 경우는 성적이 처음 정답률인 60점 정도 이거나 이보다 살짝 높은 경우가 대부분입니다. 틀린 문제를 다시 풀고, 그래도 풀지 못하는 문제는 해설을 보고 풀이 방법을 반복하여 익혔음에도 불구하고 시험 시간에는 여전히 틀린다는 것입니다.

이런 현상이 일어나는 이유는 시험 준비를 하는 동안 문제 풀기를 하면서 문제 풀이 방법을 외우는 것으로는 성적 향상이 별로 도움이 되지 않기 때문입니다. 문제 풀기가 성적 향상에 도움이 되려면 틀리거나 풀지 못한 문제를 해결할 수 있도록 내용의 이해도를 높여야 풀지 못하던 문제를 풀 수 있게 됩니다.

시험이 끝나고 학생과 사교육 교사가 틀린 문제를 살펴보고 난 후의 대화입니다. 누구나 한 번쯤은 경험했을 법한 아주 흔한 대화입니다.

알아야 생각해 낼 수 있습니다. 이해가 부족한 상태로 외운 풀이 방법은 시험 시간 중 생각해 내기가 어렵습니다. 풀지 못하는 문제나 틀린 문제를 내용 보충의 기회로 삼지 못하면 문제 풀기는 시간 낭비인 셈입니다. 내신 성적을 올리려면 어떻게 해야 할까요? 여기 실제 사례가 있습니다.

성적이 향상된 공부 사례

학기 시작부터 중간고사까지 또 중간고사 후 기말고사까지 7주에서 8주 정도의 기간이 있습니다. 학원 등의 사교육을 받는 학생은 내용 공부를 2주 이내에 끝내고 시험까지 시험 대비 문제 풀이를 계속합니다. 문제를 아무리 많이 풀어도 시험 성적이 예상과 달리 좋지 않았던 학생에게 공부 습관의 변화를 주었습니다.

약 4주 내지 5주를 개념 공부에 집중하게 하고 문제 풀기를 3주 이내로 줄였습니다. 게다가 시험 직전에는 문제 풀기를 멈추고 수학 교과서를 처음 진도 나갈 때보다 더 자세하고 천천히 읽게 하였습니다. 그리고 책을 덮고 읽은 내용을 적어보게 하였습니다. 그래서 머리에 문제 풀이 방법은 잊고 개념만 가지고 시험에 임하도록 한 것입니다.

시험 시간에는 모든 문제를 해결하려 들지 말고 아는 것만 풀자는 자세로 시험에 응하게 했습니다. 그래서 시험 시간에 문제를 읽으면 개념이 떠오르도록 시험 준비에 변화를 주었습니다. 이런 교정을 거친 학생은 예외 없이 교정 전에 비해 적게는 10점부터 많게는 30점 이상이 상승하는 효과가 있었습니다. 이런 교정을 통해 모든 학생의 성적이 상승한 이유에 주목할 필요가 있습니다.

좋은 결과로 이어진 이유가 몇 가지 있습니다. 이런 교정을 하지 않은 학생은 개념보다 문제 풀이 방법을 기억하는 데에 더 비중을 두고 공부합니다. 그러다 보니 시험 시간 중 문제 파악을 정확하게 하지 못하는 경우가 빈번합니다. 시험이 끝나고 틀린 문제를 다시 읽어보면 시험 시간에 문제를 완벽하게 읽지 않아서 틀린 문제들을 쉽게 발견하는데 교정을 한 학생은 이런 현상이 완전히 사라진 겁니다. 흔히 학생이 문제를 읽으면서 문제 파악을 마치기도 전에 뇌는 이미 풀어 보았던 문제 중 비슷한 문제를 푸는 방법을 검색합니다. 그러면 문제 파악을 정확하게 하지 못해 문제의 요구에 최선이 아닌 방법을 선택하거나, 아예 틀리게 풀기도 합니다.

시험 직전에 문제를 풀지 말아야 한다.

시험이 다가오면 학생의 긴장은 최고조에 달합니다. 이 시기에 풀지 못하는 문제를 만나면 시험에서 틀리지 않으려고 새로운 정보(풀지 못하는 문제의 풀이 방법)를 뇌에 인상 깊게 입력하게 됩니다. 이렇게 문제 하나하나의 풀이법을 최고의 긴장 상태에서 입력하면 그때까지 알고 있던 내용에 대한 기억이 흐려지는 현상이 발생합니다.

시험 전날 문제 푸는 것은 확률적으로 시험 성적에 도움이 되기 어렵습니다. 그 시간에 시험 범위 전체 내용을 정리하여 숙지하는 편이 시험에 도움이 됩니다. 그래서 개념도 다시 한번 되새기고 내용 정리도 할 겸, 시험 전날 학생에게 교과서를 가지고 시험 범위 처음부터 끝까지 자세히 읽게 하였습니다. 학생들이 공부한 부분을 다시 읽을 때는 대충 읽는 경향이 있습니다. 그러나 대충 읽으면 복습의 효과가 없습니다. 시험 전날 교과서를 읽을 때는 처음 공부할 때보다 더 자세히 읽어야 합니다. 처음보다 더 자세히 읽어도 한 번 알았던 내용이어서 복습 시간은 오래 걸리지 않습니다.

시험 전날, 시험 범위 처음부터 끝까지 교과서를 아주 자세히 읽으면 여러 가지 이점이 있습니다. 아래 내용은 이를 실천한 학생이 경험한 내용입니다.

1 시험 준비로 문제를 풀면서 다소 흐릿해진 개념이 교과서를 읽으면서 선명하게 되살아난다.
2 교과서를 읽으면서 자연스럽게 단원 정리가 된다.
3 개념을 알고 내용이 정리되어 마음이 편안해진다.
4 시험 시간에 문제 파악을 정확하게 하게 된다.
5 시험 시간 중 아는 문제를 풀지 못하는 현상이 사라진다.
6 실수가 줄어든다.

문제 풀기보다 내용 알기가 수학 성적에 더 큰 영향을 준다는 사실을 다시 한번 강조합니다.

시험을 앞두고 수학 과목 때문에 마음이 불안하다면 이는 아는 것이 부족한 것입니다. 마음이 불안한 학생은 문제를 풀지 말고 내용 공부를 다시 해야 합니다.

제7장

성공과 실패를 가르는 요소

제7장 성공과 실패를 가르는 요소

1. 선행학습의 효과와 부작용

선행학습이란 학생의 학년보다 고학년 공부를 미리 하는 것입니다. 예를 들어서 중학교 학생이 고등학교 수학을 공부하는 것입니다. 학교 수업 진도에 맞추어 공부하는 학생은 선행학습을 하지 않는 학생입니다.

선행학습은 학년을 뛰어넘는 선행학습과 다가오는 중간고사나 기말고사 시험 범위를 한두 달 앞서 공부하는 선행학습의 두 가지 형태가 있습니다. 여기서는 학년을 뛰어넘는 선행학습에 대해 살펴보겠습니다.

학년을 뛰어넘는 선행학습은 영재 학생이 아닌 학생에게는 엄청난 부담을 주는 비정상적인 공부 방법입니다. 정상적인 판단력이 있다면 어떻게 그런 결정을 내릴 수 있을까요? 수학은 내용이 단계적으로 구성되어 있어서 현재 학년에서 배우는 공부를 잘하기 위해서는 우선 이전 학년에서 배운 것을 잘 알아야 합니다.

그러나 현재 배우는 내용을 잘 아는 학생은 매우 드물고 게다가 이전 학년에서 배운 내용조차 잘 모르고 있는 것이 현실임을 직시하여야 합니다. 현재 학년의 수학 내용도 완벽하게 학습하지 못한 학생이 어떻게 선행학습 내용을 이해할 수 있을까요?

학생 본인이 학년을 뛰어넘는 선행학습을 요구하는 경우는 드물죠. 자녀에게 선행학습을 시키는 부모와 이야기해 보면 부모 자신의 학창 시절 수학 공부의 어려움을 극복하지 못한 경우가 대다수입니다. 이런 학부모는 자녀의 수학 공부에 대해서 조급증이 심합니다. 자녀가 어떻게 공부해야 수학을 잘할 수 있는지 정확한 맥을 잡지 못하고 자녀에게 무모한 선행학습을 요구합니다. 조급한 마음에서 지금 걱정할 필요가 없는 위 학년 수학을 미리 걱정하여 선행학습을 해야 한다고 생각하는 것입니다.

수학 과목에서 고교 3년 동안 꾸준히 전교 1등을 유지하는데, 선행학습을 전혀 하지 않는 학생이 있습니다. 이 학생은 학교 진도에 따라서 배우는 내용을 잘 이해하는 데 초점을 맞추고 수학을 공부합니다. 지금 공부하는 내용을 잘 이해하면서 공부하면 되니까 앞으로 다가올 공부를 미리 걱정할 필요가 없는 것이죠. 그건 그때 잘하면 되니까요. 사실 지금 공부하는 것도 버겁긴 합니다. 선행학습은 당연히 안 하죠.

선행학습의 현실을 살펴보겠습니다. 다음은 실제 사례입니다. 한 학부모가 중학생 자녀가 고등학교 2학년 때 배우는 미분 공부를 끝냈다고 자랑합니다. 그래서 학부모 옆에 있는 학생에게

$$x^2$$

의 미분이 무엇이냐고 질문하였더니

$$2x$$

라고 답합니다. 맞습니다. 학생에게 다시 미분이 무엇이냐고 질문하였더니 모른다고 답합니다. 다시 학생에게 x^2의 미분이 어떻게 해서 $2x$가 되는지 이야기해 보라고 했더니 그냥 외웠다고 합니다.

미분 공부를 하는 고등학교 2학년 학생 중에 x^2의 미분이 $2x$라는 사실을 모르는 학생은 없습니다. 즉 이런 선행학습으로 다른 학생보다 공부를 잘할 수 없고 성적이 좋을 수도 없습니다. 선행학습으로 학습 내용의 결과를 단순히 미리 알았을 뿐이고, 수준 있는 공부는 불가능에 가깝습니다. 이렇게 이해 없이 결과만 외우는

선행학습은 학생에게 과도한 부담감뿐만 아니라 여러 가지 부작용을 수반합니다.

정상적이지 않으면 부작용은 반드시 일어납니다. 선행학습은 내용의 수준과 학생의 학습 능력 수준이 맞지 않아서 학생에게 엄청난 부담감을 줍니다. 공부하는 내용이 이해되고 이해한 내용으로 문제가 풀려야 부담감이 사라지는 데 선행학습을 하는 학생과 이야기를 나누어보면 공부한 내용의 10%도 이해하지 못하고 단지 공식을 외우고 있습니다. 그것도 공식의 출현 동기나 활용 등 앞뒤 내용과 연결하여 알지 못한 채 공식 자체만 외우고 있어 풀지 못하는 문제가 많다 보니 불안감은 극에 달합니다. 이런 불안감이 누적되어 수학 과목이 부담됩니다. 이런 부담감은 사고력 저하로 이어져 생각을 해내지 못합니다.

또 다른 심각한 부작용은 왜곡된 공부 인식이 생긴다는 사실입니다. 선행학습 때 학생의 이해 능력과 비교하여 상대적으로 너무나 어려운 내용을 공부하게 되어 학생이 수학을 이해하는 습관이 사라지고 결과를 외우는 습관이 생깁니다. 이해하고 활용해야 수학 공부의 의미가 있는데 식만 외우는 것을 수학 공부라고 잘못 인식하게 됩니다.

또한 뇌가 수동적으로 바뀝니다. 선행학습은 진도가 정상 속도에 비해 두 배 이상 빠릅니다. 뇌가 짧은 시간 동안 너무 많은 양의 내용을 받아들여야 합니다. 이해하고, 생각하고, 판단할 시간적 여유가 없어 자기 스스로 해낼 생각은 엄두도 내지 못하고 설명을 이해 없이 외우고 시킨 과제를 수행하며 따라가기 급급한 수동적인 인간이 됩니다.

선행학습을 하지 말아야 한다는 주장의 근거가 되는 교육이론이 있습니다. 성숙이론입니다. 아령으로 팔 근육을 키우는 운동을 초등학생 때부터 시작하나 고등학생 때부터 시작하나 20살이 되었을 때 형성된 근육은 차이가 거의 없다는 것입니다. 오히려 초등학생 때부터 근육운동을 하면 무리가 되어 부상이 발생하기 쉽습니다. 뇌 발달도 근육 발달과 다르지 않습니다. 길게 보면 선행학습은 아무 효과가 없고 부작용만 있다는 이야기입니다. 이에 대해서는 뒤에 I.Q와 학습 능력의 관계에서 자세히 설명하였습니다.

선행학습을 할 것이 아니라 현재 학년의 수학 공부에 충실하세요. 선행보다는 현재 학년의 수학 공부에 배경이 되는 이전 학년 수학 복습이 더 필요합니다. 그것이 가장 효율적인 공부 방법입니다.

2. 조기교육, 적기 교육

(1) 조기교육의 출현과 우리나라의 조기교육

조기교육은 냉전 시대 공산국가들이 체제의 우월성을 보이기 위해 예체능 분야에서 소수의 영재를 발굴하고 육성하면서 시작되었습니다. 우리나라에서의 조기교육은 자녀가 학교에 입학하기 전에 미리 학교 교육과정을 배우는 형태로 이루어집니다.

이러한 조기교육은 처음에는 효과가 있는 것처럼 보일 수 있지만, 교육 기간이 길어지면서 학생의 흥미가 떨어지고 학습 효과가 감소합니다. 또한, 지속적인 스트레스는 학생이 나중에 그 분야를 아예 외면하게 할 수 있습니다. 사실, 조기교육에서 성공한 사람들은 극소수에 불과하고, 대부분은 부작용을 경험하게 됩니다. 조기교육으로 인해 어느 날 갑자기 공부를 멀리하게 되면 이를 바로잡기는 매우 어렵습니다.

어릴 때 한글을 읽고, 계산을 잘한다고 자랑스러워하는 부모들이 많습니다. 그러나 태어나서 며칠 안 된 어린아이가 남보다 머리를 먼저 들고 몸을 뒤집었다고 해도 결국 성인이 되어서는 보통 사람과 차이가 없는 것처럼, 초등학교 입학 전에 계산을 잘한다고 해도, 훗날 고등학교 수학을 잘할 것이라고 단정지을 수 없습니다. 그냥 남보다 먼저 한 것뿐입니다.

(2) 적기 교육의 의미

적기 교육은 개인의 성향, 특성, 호기심, 재능 등을 고려하여 개인의 발달 시기에 맞는 교육을 뜻합니다. 미국은 이러한 적기 교육을 잘 실천하고 있습니다. 미국의 경우 초등학교는 5년제로 구성되어 있지만, 학생들의 학년이 자동으로 올라가는 한국과 달리, 매 학기가 끝날 때마다 담임 선생님은 학생의 진급과 유급을 결정합니다. 다음 학년으로 진급하더라도 과목별로 이전 학년 내용을 다시 학습하게 하는 경우도 많습니다. 그렇게 해서 5학년이 되었을 때, 처음 입학했던 초등학교 1학년 20명 중 단 두 명만이 유급 없는 것을 미국에서 보았습니다. 즉, 제가 본 학생의 90%가 5년 사이에 유급을 경험했습니다. 이처럼 미국에서는 학년을 자동으로 올리는 것이 아니라 학생 수준에 맞추는 적기 교육을 실천합니다.

미국에서는 학생이 매우 우수하면 월반을 시키기도 합니다. 이때, 월반이 적절한지에 대해 모든 교과의 선생님에게 의견을 묻고, 단 한 명의 교사라도 부정적인 의견을 내면 월반을 시키지 않습니다. 한국 학생들이 어릴 때는 미국학생과 비교해 더 어려운 내용을 배우고 알고 있지만, 고등학생이 되면 그 차이가 줄어들고, 대학교 1학년을 지나면 오히려 역전되는 경우가 많습니다. 적기 교육은 능력 발달에 유리합니다. 어려서 어려운 내용을 배우게 하는 것보다, 완전한 이해를 위해 적기 교육을 실천해야 스트레스 없이 학습 능력을 잘 발달 시킬 수 사실을 유념할 필요가 있습니다.

이런 현상은 공부뿐만 아니라 스포츠에서도 마찬가지입니다. 한국의 유소년 축구나 야구팀은 미국의 유소년팀을 쉽게 이기지만, 고등학교나 대학팀에서는 한국팀이 이기기가 쉽지! 않습니다. 성인이 되면 더 많은 경우, 오히려 뒤지는 모습을 보이기도 합니다. 이는 조기교육과 적기교육의 차이를 잘 보여줍니다. 교육은 단거리 달리기가 아니라는 사실을 명심해야 합니다. 어릴 때 다른 학생보다 앞선 공부를 하는 학생이 중도에 탈락하는 비율이 높다는 점을 염두에 두어야 합니다.

(3) CEO들의 유아기 교육

1세부터 6세까지를 유아기라고 합니다. 성공적인 사업가들이 어릴 때 받은 유아기 교육에 관한 연구 결과는 많은 부모의 예상과 다릅니다. 많은 사람들이 성공한 CEO들이 어릴 때 조기교육을 받았을 것이라고 예상하지만, 실제로 그들은 대부분 조기교육을 거의 받지 않았습니다. 그들의 부모 역시 사업에 바빠서 자녀들의 교육에 특별히 신경을 쓸 시간이 없었습니다.

그렇다면 무엇이 성공한 사업가로 성장하는 데 도움이 되었을까요? 성공한 CEO들의 공통점은 그들의 부모가 사업을 하는 모습을 보고 자라면서 배운 것입니다. 어린 시절, 자녀들은 부모가 열심히 일하는 모습을 보며 자극을 받았고, 그 모습이 가장 큰 교육이 되었습니다. 이는 가장 중요하고 영향력이 큰 교육 기관이 가정이라는 점을 다시 한번 상기시킵니다. 부모가 자녀에게 무엇을 가르치려 하기보다는, 부모가 직접 행동으로 보여주는 것이 가장 강력한 효과를 가져오는 교육 방법입니다. 자녀들은 부모가 실천하는 모습을 보며 자연스럽게 배우게 됩니다.

유아기 자녀에게 사교육을 시키기보다는 부모가 먼저 실천하는 모습을 보여주는 것이 장기적으로 더 좋은 결과를 맺습니다. 예를 들어, 자녀에게 책을 읽으라고 강요하기보다는 부모가 스스로 책을 읽는 모습을 자주 보여주면 됩니다. 자녀에게 원하는 바가 있다면, 부모가 먼저 실천해 보이는 것이 유아기 자녀 교육에서 훨씬 더 효과적입니다. 자녀에게 열 번 이야기 하는 것보다 실천하는 모습을 보여주는 것이 더 좋은 유아기 자녀 교육입니다.

3. 수학 영재 교육

(1) 영재성이 있을까?

우리나라에는 수많은 영재 교육센터가 있습니다. 그런데 어린 영재는 많아도 영재 대학생은 찾기 어렵습니다. 그 이유는 크게 두 가지로 나눠 볼 수 있습니다. 첫

째는 영재가 아닌 경우이고, 둘째는 영재였지만 제대로 된 영재 교육을 받지 못해 성장하면서 영재성이 사라진 경우입니다.

예를 들어, 초등학교 4학년 학생이 중학교 수학을 혼자서 잘 이해하고 문제를 풀면 주변에서는 그를 수학 영재라고 평가합니다. 그런데 이 초등학생의 중학교 서술형 문제 답안지를 중학생들 답안지와 섞어서 평가한다면, 과연 누가 그 학생의 답안을 영재답다고 판별할 수 있을까요? 나이에 비해 뛰어난 능력을 보인다고 해서 무조건 영재라고 판별하는 것은 잘못된 판단입니다. 같은 나이에 비해 고학년 수학을 잘하는 학생이 영재인지 아닌지는 확실하지 않으며, 뇌의 성숙도가 몇 년 빠른 것과 영재성은 구별해야 합니다. 또한, 성적이 좋다고 해서 영재라고 생각하는 것도 올바른 접근이 아닙니다. 한 영재 교육센터에서 학생을 지도하는 교수에게 "학생 중 몇 명이 진짜 영재인가?"라고 묻자, 그 교수는 한 명도 없다고 단언합니다. 그저 문제를 잘 푸는 기계 같다고 합니다.

반면, 어릴 때 성적이 좋지 않았지만 어른이 되어 영재성이 드러나는 사람도 있습니다. 영재는 단순히 기존의 이론을 습득하는 능력보다는 창의력을 가지고 있어야 하며, 스스로 필요한 것을 생각하고 호기심과 끊임없는 탐구 정신을 가지고 있어야 합니다. 또한, 영재는 실패하는 것을 두려워하지 않고 끊임없이 도전 정신하는 끈기를 가지고 있어야 합니다.

영재성은 직접 시도해 보는 과정에서 발전합니다. 많은 시도와 실패를 통해 영재성이 성장할 수 있으며, 때로는 그 발전이 멈추기도 합니다. 나이에 비해 문제를 잘 풀었다고 영재라고 판별하기보다는, 도전과 실패를 두려워하지 않고 끊임없이 시도하는 태도를 유지하는 것이 중요합니다. 우리가 잘 아는 에디슨처럼, 영재는 어릴 때 성적이 낮아서 바보 취급을 받았던 경우도 많았음을 기억해야 합니다.

(2) 영재 교육

성인이 수학을 잘한다는 것은 단순히 지식만 많이 쌓는 것을 의미하지 않습니다. 어린 영재가 성인 영재가 되려면 지식뿐만 아니라 사회현상이나 자연현상을 분석하고 수학적 원리를 찾는 능력, 계산력, 이해력, 사고의 유연성, 문제 해결력 등 여러 가지 능력을 함께 발전시켜야 합니다. 예를 들어, 중학생 영재에게 고등학교 수학을 시키는 것은 영재 교육의 핵심과는 거리가 멀며, 오히려 부담만 줄 수 있습니다.

어린 영재가 자꾸 시험에서 좋은 성적을 얻는 것에만 집중하다 보면, 결국 탐구하고 생각을 하는 시간이 줄어들고, 호기심도 사라져 영재성을 잃게 될 수 있습니다. 이는 우리나라 영재 교육의 현실입니다. 학생은 배워야 할 양이 많으면 그저 받아들이기만 급급해져, 스스로 탐구하고 사고하는 시간이 줄어들게 됩니다. 결국, 그 학생은 단순히 성적만 잘 얻는 학생이 되고, 진정한 영재성은 사라집니다.

수학 영재 교육의 최종 목표는 연구할 수 있는 능력과 새로운 영역을 창조하는 능력을 갖추게 하는 것입니다. 연구는 배움의 연장선이지만, 배움과는 다른 능력이 요구됩니다. 수학이 현실에서 어떻게 적용될 수 있는지 이해해야 진정한 연구가 가능합니다. 또 현실을 관찰하여 수학적 모델을 세울 수 있어야 창조가 가능한 영재입니다. 남이 풀지 못한 문제를 풀었다고 해서 영재라고 판단하는 것은 옳지 않습니다. 선행학습을 시키고, 어려운 문제만 풀게 하는 데만 집중해서 뇌가 그 분야에만 발달하면, 다른 분야를 탐구할 수 있는 능력이 부족해질 수 있습니다. 영재가 되기 위해서는 다방면의 능력을 고르게 발전시켜야 하며, 한쪽에만 집중하다 보면 오히려 영재성이 방해받을 수 있습니다.

자녀가 영재라면, 지나치게 키우려고 하지 말고 지켜보는 것이 오히려 더 좋은 방법일 수 있습니다. 음식, 관심, 교육 모두 과하면 오히려 독이 됩니다. 자녀가 스스로 찾아서 할 수 있도록 지켜보는 것이 오히려 영재성을 유지하는 데 좋은 방법일 수 있습니다.

4. IQ와 수학 공부

(1) IQ의 정의

많은 사람들이 IQ가 높으면 공부를 잘한다고 생각합니다. 대체로 맞는 말이지만, IQ에 대해 좀 더 깊이 생각해 볼 필요가 있습니다. IQ는 'intelligence quotient'의 줄임말로, 지능지수를 의미합니다. IQ는 지적 능력을 나이로 나눈 값입니다.

갑과 을이라는 두 학생을 예로 들어 보겠습니다. 갑의 지적 능력은 1,300이고, 을의 지적 능력은 1,600입니다. 을의 지적 능력이 갑의 지적 능력보다 상대적으로 높은 것은 맞습니다. 그런데 갑은 10세, 을은 16세입니다. 이 두 학생의 IQ를 계산해 보겠습니다.

10살인 갑의 지적 능력은 1,300이고, 이를 나이인 10으로 나누면 IQ는 130이 됩니다. 일반적으로 IQ 130이면 매우 똑똑하다고 여깁니다. 반면, 16세인 을의 지적 능력은 1,600이고, 이를 나이 16으로 나누면 IQ는 100이 됩니다. IQ가 100이면 평균적인 지능을 의미합니다. 따라서 갑은 지적 능력은 상대적으로 낮지만, IQ는 130으로 을보다 더 높습니다. IQ가 높다고 지적 능력이 좋은 것이 아닙니다.

(2) IQ와 학습 능력

"같은 나이에 IQ가 높은 학생은 낮은 학생보다 지적 능력이 더 우수하다."
"같은 IQ를 가진 두 학생 중 나이가 많은 학생이 지적 능력이 더 좋다."

구분	지적 능력	나이	IQ
갑	1,300	10	130
을	1,600	16	100

학자들에 따르면, 학습 능력은 약 30세까지 향상된다고 합니다. 따라서 어린이

보다는 청소년이 학습 능력이 더 뛰어나며, 이는 IQ와도 관련이 있습니다. 위의 예에서 갑은 IQ가 높지만, 실제 지적 능력은 을이 더 높습니다. 어린이에게는 아직 학습 능력이 충분하게 발달하지 않았으므로, 공부를 많이 하게 하는 것은 비효율적입니다.

(3) 나이와 학습 능력

초등학교 1학년 학생의 IQ가 100이고 이 학생이 같은 IQ를 유지하며 고등학교 3학년이 되었다고 하겠습니다. 고등학교 3학년 때의 지적 능력은 초등학교 1학년 때의 지적 능력의 2배가 넘습니다.

$$(초등학교\ 1학년\ 지적\ 능력) = IQ \times (나이)$$
$$= 100 \times 7$$
$$= 700$$

$$(고등학교\ 3학년\ 지적\ 능력) = IQ \times (나이)$$
$$= 100 \times 18$$
$$= 1,800$$

따라서 고등학교 3학년의 지적 능력 1,800은 초등학교 1학년의 지적 능력 700의 약 2.6배 정도입니다. 그러므로 고3 때의 한 시간 공부는 초등학교 1학년의 약 2시간 40분 정도 공부와 같다고 볼 수 있습니다. 성장하면서 학습 능력도 향상됩니다. 어린이에게 공부를 많이 시킬 필요가 없는 이유 중 하나가 IQ와 관련이 있습니다.

5. 성공하는 사람의 특징

성공한 사람들에게는 공통된 특징이 있습니다. 그들은 내면에서부터 자신만의 꿈을 가지고 있습니다. 자신의 꿈은 다른 사람의 의견이나 유행에 영향을 받지 않으며, 사회에서 인기가 있는 직업과도 관련이 없습니다. 그들의 꿈은 성인이 되어서 이루고 싶은 가슴 속의 희망에서 비롯됩니다. 여기서 말하는 꿈과 목표의 차이를 설명하겠습니다.

나는 잘 가르치는 사람이 되고 싶다는 것은 꿈입니다. 나는 교사가 될 것이라고 하는 것은 목표입니다. 교사라도 내가 세상에서 제일 잘 가르치는 사람이 되겠다는 것이 꿈입니다. 꿈이 있는 사람은 목표를 달성하더라도 계속 추구할 것이 있습니다. 성공하고 싶다면 "나는 무엇을 하고 싶은지" 나의 내면으로부터의 희망을 알아야 합니다.

꿈을 이루기 위해 노력하고 성취하는 과정이 중요합니다. 성공한 사람은 꾸준히 노력하는 사람입니다. 몇 년 동안 노력했는데 어려움이 생긴다고 해서 포기하지 않습니다. 학창 시절뿐만 아니라 성인이 되어도 계속해서 꿈을 향해 나아갑니다. 대학 입시도 자신의 꿈을 향한 긴 여정의 일부에 불과합니다.

위대한 작가나 과학자의 삶을 보면, 그들이 평생 노력하고 발전을 거듭하여 큰 성취를 이뤄낸 것을 알 수 있습니다. 결국 재능보다는 꾸준한 노력이 그들을 위대하게 만든 것입니다. 성공적인 삶을 살고 싶다면, 나는 무엇을 하고 싶은지 스스로에게 질문해 보세요 그리고 꾸준한 노력도 필요합니다. 위대한 사람이 된다는 것은 남의 이야기가 아닙니다. 내가 위대한 사람이 되고 싶다면 내 꿈을 향해서 꾸준히 노력하면 되는 겁니다.

6. 대학 입시에 성공하는 학생의 특징 한 가지

일차적으로 대부분의 학생들의 공부의 목적이 대학 입시에 초점이 맞춰져 있습니다. 사람들은 머리가 좋아야 좋은 대학에 갈 수 있다는 믿음이 강합니다. 틀린 말은 아니지만 대학 입시에 성공한 학생들을 살펴보면 좋은 머리보다 더 중요한 요소를 쉽게 발견할 수 있습니다. 독한 성격의 소유자라는 공통점이 있습니다. 독한 성격이라고 하는 것은 의지가 강해서 어떤 어려움이 닥쳐도 포기하지 않고 극복해 내는 성격입니다.

대학 입시가 끝날 때까지 학생은 공부뿐만 아니라 일상생활에서도 수많은 어려움을 극복하여야 합니다. 어려움을 극복하지 못하면 그 지점이 학생이 도달할 수 있는 최고점일 것입니다. 그러나 독한 성격을 가진 학생은 어떤 고비가 닥쳐도 끊임없이 노력하고 극복하며 발전합니다.

학습적인 측면에서 머리가 좋은 학생은 상대적으로 고비도 적고 쉽게 극복합니다. 그런데 머리가 좋지 않은 학생도 고비를 극복해 내고 나면 학습적인 머리가 발달해서 공부를 잘하게 됩니다. 타고난 머리보다는 포기하지 않는 의지가 성공에 더 중요한 요소입니다. 성공을 위해 해내야 하는 두 가지가 있습니다. 첫째, 하기 싫은 것을 해내야 합니다. 두 번째로는 노력을 통해 잘하지 못하는 분야를 잘하는 분야로 만들어야 합니다. 이 역시 인내심을 동반한 강한 의지가 있어야 가능합니다.

이런 면은 대학 입시에 국한된 것이 아니라 사회적으로 성공한 사람도 마찬가지입니다. 사회적으로 성공한 사람 중에는 어릴 때는 뛰어난 학생이 아니던 사람도

많습니다. 그들은 자신이 원하는 일을 하기 위해 닥친 수많은 고비를 극복하면서 성장하고, 능력을 키워 성공에 이릅니다.

반면, 하위권 학생은 내면에서부터 꿈이 없고, 목표 의식도 없는 경우가 많습니다. 하위권 학생은 직업을 목표로 삼는 경우가 많지만, 그마저도 어려운 일이 생기면 쉽게 포기합니다. 자신감이 부족해 성공을 의심하고, 인내심이 부족하여 고비를 만났을 때 극복하지 못합니다.

노력하는 기간의 차이가 수준의 차이로 나타납니다. 공부를 시작할 때부터 꿈을 향해서 노력하는 학생이 있는 반면에 한 달 후도 생각하지 않고 시키는 공부만 하는 학생도 있습니다. 최상위권 학생은 먼 미래까지 생각하여 지금 하는 공부가 성인이 되었을 때 하고 싶은 일을 향해서 가는 긴 과정의 일부로 여깁니다. 이런 생각이 인내심을 갖게 해주고 어려움을 극복하게 해줍니다.

상위권 학생은 "다른 사람이 했으니 나도 할 수 있다."라는 긍정적인 마음을 가지고 있지만, 하위권 학생은 성공한 사람을 보면 그들을 넘지 못할 벽으로 여기곤 합니다. 핑계를 대는 사람은 성공하지 못합니다. 어려움이 닥쳤을 때 문제점을 남에게서 찾으면 핑계입니다. 어려움을 닥쳤을 때 극복할 이유를 자신에게서 찾아 극복하는 사람이 성공합니다.

7. 자녀를 성공으로 이끄는 부모와 실패로 이끄는 부모

부모 때문에 공부 스트레스를 받는 학생이 전체 학생의 절반쯤 됩니다. 부모가 과거를 기준으로 자녀에게 스파르타식으로 공부하라고 강요한다고 학생들이 호소합니다. 이런 부모는 대화가 통하지 않는 경우가 많습니다. 어릴 때 지나치게 공부량이 많으면 중학생이나 고등학생이 되어 학습 장애가 나타나는 경우를 종종 보았습니다. 이런 부모를 가진 학생 중 현명하게 부모를 설득하는 학생은 매우 드뭅니다. 부모와 자녀가 이런 어려움을 소통으로 지혜롭게 해결하길 바라며 몇 가지를 제안하려고 합니다.

(1) 파악과 소통

부모가 자녀에게 가장 먼저 선택하는 사교육 과목을 관찰하여 보면 재미있는 현상을 하나 발견하게 됩니다. 부모는 자녀에게 자녀가 가장 필요한 과목을 사교육 과목으로 제일 우선하여 선택하는 것이 아닙니다. 부모 자신이 학창 시절에 가장 못했던 과목을 가장 먼저 자녀의 사교육 과목으로 선택합니다. 부모가 자신을 기준으로 사교육을 결정한다면, 자녀를 성공으로 이끌 가능성은 낮아집니다. 이쯤에서 한 번 되돌아보겠습니다.

내(학생)가 제일 처음 사교육을 시작한 과목은 '부모와 나' 중 누가 선택했나?
내(학부모)가 제일 먼저 자녀에게 시킨 사교육은 다음 중 어느 과목인가?
'내가 학창 시절 못했던 과목인가?' 아니면 '나의 자녀 관점에서 필요한 과목인가?'

사교육이 필수는 아니지만, 사교육을 한다 해도 자녀의 필요에 맞춰 선택해야 유익한 결과를 기대할 수 있습니다. 부모 자신이 부족했던 과목에 대한 강박으로 자녀에게 사교육을 강요한다면 좋은 결과가 아니라 부작용만 얻을 확률이 높습니다.

자녀 교육에 성공하는 부모는 자녀가 부족한 부분을 정확히 파악하고, 이를 개선하기 위한 구체적인 방법을 찾습니다. 또한, 부모는 자녀와 충분히 소통하며, 자녀의 성향과 상황에 맞게 교육 방향을 설정합니다. 반면, 과거 자신이 겪었던 경험을 바탕으로 자녀에게 공부를 강요한다면, 좋은 결과를 얻기 어려울 수 있습니다. 이처럼 사교육뿐만 아니라 자녀 교육에서 중요한 것은 부모가 자녀를 잘 파악하고 소통하는 것입니다.

(2) 인내

자녀 교육에 성공하는 부모는 자녀를 믿고 기다려주는 태도를 가집니다. 이는 수학 과목뿐만 아니라 모든 학습에서 중요한 요소입니다. 자녀에 대한 믿음은 두 가지로 나눠집니다. 자신이 학창 시절 공부를 잘한 부모들로, 자녀가 성적이 좋지 않아도 결국 잘할 것이라고 믿습니다. 반대로 공부에 어려움을 겪었던 부모는 자녀의 수학 공부에 대한 믿음이 부족하고, 조급하게 다그치는 경우가 많습니다

수학을 비롯한 모든 과목에서, 부족한 점을 극복하려면 시간이 걸립니다. 무수히 노력하고, 뇌가 발달하여야 능력이 향상되기 때문에 조급한 마음을 가지지 않고 인내하는 것이 필요합니다. 부모가 공부의 어려움을 이해하고 기다려주면, 자녀는 그 시간을 통해 성장할 수 있습니다.

(3) 자식은 믿는 만큼 성장한다.

부모가 자녀를 믿고 기다려주는 것은 자녀의 성장을 돕는 중요한 요소 중 하나입니다. 자녀는 부모가 믿고 기다려주는 만큼 성장합니다. 이는 수학뿐만 아니라 모든 학습에 적용되는 사실입니다. 운동선수에게도 감독이 믿고 기다려주는 것은 절대적입니다. 자녀가 수학 공부를 하고 있는데 부모가 실패가 두려워 다그치기만 하면, 자녀는 스스로 성장할 기회를 잃게 됩니다. 자녀는 부모가 그들을 믿고 기다려줄 때, 그 기대에 부응하기 위해 더 많이 성장할 수 있습니다.

부모가 자녀의 성장을 믿지 않거나 의심하는 마음을 가지면, 자녀는 자신감이 떨어지고 학업 성취가 어려워질 수 있습니다. 만약 부모가 자녀에게 공부를 강요하면서 마음 한편으로는 자녀가 잘하지 못하리라고 생각한다면, 자녀는 이를 느끼고 자신감을 잃을 수 있습니다. 부모의 믿음이 자녀의 학업 성취에 큰 영향을 미친다는 사실을 명심해야 합니다.

(4) 성적을 보지 마라

자녀를 올바르게 보려면 성적을 보지 마세요. 성적을 보는 순간 다른 점은 아무것도 정확하게 보이지 않습니다. 성적은 자녀의 몫이고, 부모는 성적 외의 부분에 신경을 써야 합니다. 자녀의 성적보다는 건강, 노력, 태도, 성장 등을 더 중요한 관심의 기준으로 삼을 때 자녀에게 도움이 될 수 있습니다. 성적을 보려고 하기보다 자녀의 마음을 편하게 해주고 조급함을 버리고 차분히 기다리길 추천합니다. 공부가 단기간에 해결되는 주제라면 세상에 공부 걱정은 없습니다. 맘 편하게 해주세요.

(5) 자녀 교육에 성공하는 학부모와 실패하는 학부모의 특징

많은 학부모가 잘못된 방법으로 자녀에게 수학 공부를 시킵니다. 성적이 잘 나오지 않으면 더 많이 하라고 합니다. 방법이 잘못되었는데 공부량을 늘리면 더 힘들어집니다. 그러다가 결국은 자녀가 지쳐서 수학 공부를 포기하면 머리가 나빠서 그렇다고 여기곤 합니다. 자녀가 머리가 나빠서 수학을 잘하지 못할 것이라는 생각을 가진 부모라면 처음부터 시키지 말았어야 합니다.

성적을 잘 받고 싶은 마음은 학생 자신이 가장 큽니다. 굳이 부모가 공부를 열심히 하라고 부추기지 않아도 자녀는 공부를 열심히 하고 싶습니다. 그런데 학생이 공부해도 성과가 나지 않고, 나아질 것 같은 기대가 없으면 열심히 안 하는 것이 아니라 공부에 대한 의욕을 잃어버린 것일 수도 있습니다. 자녀 교육에 성공하려면 부모는 자녀의 자발적인 의욕을 끌어내는 방법을 찾고, 그들의 성장을 지원하는 역할을 해야 합니다. 자녀 교육에 성공한 부모와 실패하는 부모의 특징 중 일부를 표로 나타냈습니다.

구분	실패하는 부모	성공하는 부모
부모의 생각	부모의 생각에 자녀를 맞추려고 든다.	부모가 자녀 생각에 맞추려고 한다.
자주 하는 말	열심히 해	상황에 따라 다름
자녀에 대한 기대	머리가 나빠서 걱정	의지가 있어서 해낼 것으로 기대
전문가의 교육이론을 들을 때의 생각	공부 잘하는 다른 집 자녀 이야기라고 생각	내 자녀에게 필요한 점을 잡아낸다.
전문가의 이야기를 듣고 난 후의 반응	전문가 의견은 잊고 자녀와 의논 없이 이웃 엄마의 의견을 따라 사교육 결정	자녀와 필요한 의견을 교환하고 자녀에게 의사 결정을 하도록 한다.
자녀를 대할 때	자녀에게 짜증을 낸다. 자녀에게 스트레스를 준다.	자녀의 짜증을 이해하여 준다. 자녀의 스트레스를 풀어 준다.
자녀의 행동에 대한 이해	쉬는 꼴을 못 본다. 자녀가 하루 동안 얼마나 공부할 수 있는지를 모른다.	자녀의 휴식이 필요한 때를 안다. 공부는 결국 자녀 스스로 해야 한다는 것을 알기에 공부하고 싶은 마음이 들도록 도와준다.

(6) 말 안 듣는 자녀, 잔소리하는 엄마

학생들이 엄마 잔소리 때문에 짜증이 난다고 합니다. 그래서 엄마가 잔소리하면 어떻게 하냐고 학생에게 물어보았습니다. 그냥 흘려듣고 방에 들어가서는 딴생각을 한다고 합니다. 학생의 이야기에 따르면 잔소리의 효과는 전혀 없는 셈입니다. '엄마 이야기가 틀린 이야기일까?'라고 학생에게 다시 물었습니다. 틀린 이야기는 없는데 그냥 짜증이 나서 듣기 싫다고 대답합니다.

듣기 싫은 엄마 잔소리를 듣지 않으려면 어떻게 해야 하냐고 학생에게 물었더니 그런 생각은 해 본 적이 없다는 대답이 돌아왔습니다. 학생에게 '그럼 엄마 잔소리 계속 들어야겠네!'라고 하니 '그죠!'라며 '우리 엄마는 희망이 없어요!' 혹은 '안 바뀔 거예요!'라고 합니다.

이번에는 반대로 엄마에게 물었습니다. '자녀가 왜 엄마가 이야기해도 바뀌는 것이 없는지 이유를 아세요?'라고요. 사춘기가 되어서 그런지 말을 듣지도 않는다고 합니다. 자녀가 엄마의 이야기를 흘려듣는 이유를 엄마가 모릅니다.

자녀를 이해하고, 자녀의 이야기에 공감해 주는 부모가 자녀에게 하는 이야기는 자녀가 잔소리로 받아들이지 않습니다. 엄마는 자신을 이해해 주는데 아빠는 공감을 해주지 않으면 자녀는 엄마의 이야기를 듣습니다. 아빠가 자신을 이해해 주는데 엄마가 그렇지 않으면 자녀는 아빠와 소통합니다. 학생들끼리도 서로 이해해 주고 공감해 주어야 서로 소통합니다.

공부 안 하고 놀기만 하는 자녀를 보면 참다가도 화가 나는 것은 이해가 갑니다. 하지만 화가 있는 상태에서 자녀에게 이야기하면 자녀 관점에서는 그저 잔소리에 불과합니다. 자녀와 소통을 잘하려면 최소 두 가지가 선행되어야 합니다.

첫째, 목소리에 화가 전혀 없어야 합니다. 재미있고 신나는 이야기 하듯 자녀와 대화하면 소통이 잘 된다는 것을 명심할 필요가 있습니다. 쉽지는 않지만 실천하면 효과가 확실하고 실천하지 못하면 영원한 잔소리꾼이 될 뿐입니다. 목소리를 낮추고 친구와 이야기하듯 유쾌하게 대화하면 자녀가 잔소리로 듣지 않습니다. 대화의 결과를 얻으려면 목소리를 낮추고 화가 없어야 함을 잊지 말아야 합니다. 자녀는 부모의 화를 이해할 만큼 성인이 아닙니다.

두 번째, 말하기에 앞서 들어 주기를 먼저 해야 마음의 문이 열립니다. 자녀가 먼저 이야기하지 않는다면 자녀에게 질문해서 이야기할 기회를 만들어 주세요. 자녀가 이야기하지 않는다면 하고 싶은 말을 다음 기회로 미루는 편이 더 좋을 수 있습니다.

반대로 자녀는 자녀가 잘되기를 바라는 것이 부모의 마음임을 이해할 필요가 있습니다. 부모의 잔소리를 귀 기울여 듣고 실천하면 본인 인생에 도움이 됩니다. 부모가 이야기할 때 화내고 짜증 낸다면 그 이유가 자신에게 있음을 알고 고치려 노력해야 상황도 좋아지고 본인에게도 도움이 됨을 마음에 새기길 바랍니다.

누구 이야기가 맞나?

엄마와 아빠의 자녀 교육관이 일치하는 경우는 드물죠. 주로 엄마가 주도권을 가지고 있는 것이 현실입니다. 엄마가 나서서 자녀를 공부시키면 아빠는 엄마에게 자녀를 내버려두라고 하는 부부를 종종 봅니다. 그러면 엄마는 아빠에게 뭘 모르는 소리라고 합니다. 누가 옳을까요? 자녀가 좋은 결과를 얻기 위해 부부의 대화 속 의미를 파헤쳐 보겠습니다.

자녀를 좀 내버려두라는 말 속에는 공부는 자녀 본인이 해야 한다는 생각이 내면 깊이 자리 잡고 있습니다. 아빠는 자녀가 학원에 다니고 안 다니고보다 본인이 공부하려고 하는지 아닌지가 더 근본적인 문제라고 생각합니다. 내버려두라는 말이 전적으로 옳을 때가 있습니다. 자녀가 공부하지 않으려 할 때입니다. 이때 공부를 강요하게 되면 좋은 학원이든 과외든 효과보다 부작용이 더 클 가능성이 아주 높습니다. 내버려두라는 말이 맞는 때가 있는 것입니다.

엄마가 아빠에게 자녀 교육에 대하여 뭘 모르는 말이라는 것은 무슨 뜻일까요? 자녀의 성적이 기대에 못 미쳐서 손 놓고 있을 상황이 아니라고 판단한 것입니다. 뭘 모른다는 말은 자녀의 상황을 모른다는 것과 다른 집 자녀는 어떻게 공부하는지 모른다는 의미이기도 합니다. 또한 사교육 정보를 모른다는 이야기일 수도 있습니다. 성적이 좋지 않으면 부모가 적극적으로 대처해야 한다는 생각에서 뭘 모른다는 말이 튀어나왔을 수도 있습니다.

학생이 공부에 어려움이 있을 때 가장 가까이서 도움을 줄 수 있는 사람은 부모입니다. 자녀 공부의 문제점을 파악하고 직접 돕기도 하고 사교육을 알아보기도 합니다. 이런 도움이 자녀 공부에 결정적 계기가 되기도 합니다.

자녀를 내버려두라는 말이 옳을 때가 있고 그렇지 않을 때도 있습니다. 결론적으로 이야기하면 본인이 공부하려고 하는 데 어려움을 겪는다면 부모의 도움은 좋은 결과로 이어질 가능성이 높습니다. 자녀가 공부를 안 하려고 할 때는 사교육을 알아보는 것보다 이때는 자녀가 공부해야 할 필요성을 일깨워주어야 할 때입니다. 다른 일과 마찬가지로 수학 공부도 억지로 시켜서 될 일이 아닙니다.

8. 재수해도 소용없는 학생과 재수 결과가 기대되는 학생

재수생은 재학생보다 1년을 더 공부하고 다시 대학 입시를 치릅니다. 하지만 재수하고도 수능 성적이 오르지 않거나 오히려 떨어지는 학생들이 적지 않습니다. 재수 후 성적이 오를지, 아니면 오히려 떨어질지는 어느 정도 예측이 가능합니다. 대학 입시 첫 시도에서 만족할 만한 결과를 얻지 못한 이유를 명확하게 파악하지 못했다면, 재수는 실패로 끝날 확률이 높습니다. 그렇다면 재수가 성공할 가능성이 있는 학생은 어떤 학생일까요?

첫째, 학습 능력이 꾸준히 성장하는 학생은 재수 후 성적 향상의 가능성이 큽니다. 같은 내용을 다시 공부했을 때, 처음보다 더 쉽게 느끼는 학생과 여전히 처음처럼 어려운 학생이 있습니다. 학습 능력이 계속해서 발전하는 학생은 예전에 배운 내용을 다시 공부할 때 더 쉽게 느끼죠. 이런 학생은 재수하면 성적 향상을 기대할 수 있습니다.

둘째, 첫 대학 입시 때 시험 준비가 절대적으로 부족했던 과목이 하나라도 있어야 재수 후 성적 향상이 가능성이 높습니다. 만약 성적을 확실하게 올릴 수 있는 과목이 없다면, 재수가 시간 낭비로 끝날 가능성이 큽니다. 성적 향상을 위한 기회가 있어야 재수 결과도 긍정적일 수 있습니다.

셋째, 재수의 성공 여부는 스트레스 관리가 가장 중요한 요소입니다. 성적 향상에 대한 내면적인 자신감이 없으면 재수하는 동안 스트레스를 이겨내기가 어렵습니다.

　정리하자면, 성적 향상의 이유가 명확하고, 자신감과 정서적인 안정이 유지되는 상태에서 재수해야 성공합니다.

제 8 장

고쳐야 성적이 오른다.

1. 공부 습관 점검하기

(1) 읽기

수학 과목에 한정된 이야기가 아닙니다. 읽기가 제대로 안 되면 어떤 과목이든 공부를 제대로 할 수 없습니다. 관찰 결과 개념을 제대로 알지 못하는 학생은 예외 없이 책 읽기를 제대로 못 하는 것을 알 수 있었습니다. 상대방의 이야기를 실시간으로 이해하며 들어야 대화를 이어갈 수 있는 것처럼 책을 읽을 때 눈과 동시에 뇌가 내용을 이해하면서 읽어야 공부를 제대로 이어 나갈 수 있습니다.

이해하면서 읽으려면 눈에 들어오는 문장 속의 모든 단어의 뜻을 뇌에 떠올려야 합니다. 예를 들어 문장 속에 '사다리꼴의 대각선'이라는 표현이 등장하면 머리에 사다리꼴과 대각선을 떠올리면서 읽어야 합니다. 머리에 떠올리기가 어려우면 종이에 사다리꼴을 그리고 대각선이 어떤 것인지 눈으로 보면서 읽어야 합니다. 게다가 사다리꼴과 대각선의 정의가 무엇인지도 생각하고 넘어가야 합니다.

문장 속에 함수라는 용어가 나오면 함수의 정의를, 유리수라는 용어가 나오면 그 순간 유리수가 무엇인지 구체적으로 따져보고 읽어야 합니다. 이렇게 책을 읽으면 읽는 속도가 너무 느리다고 할 것입니다. 그러나 따져가면서 읽는 습관에 익숙해지면 문제가 안 될 정도로 다시 빨라집니다. 용어의 뜻을 떠올려 가며 읽지 않으면 책을 읽고 난 후 조금만 지나도 생각이 나지 않습니다. 이해하지 못했기 때문이죠.

수학 교과서의 작은 단원을 학생에게 읽으라고 하고 시간을 충분히 주었습니다. 다 읽었다는 학생에게 읽은 부분의 내용을 설명하라고 하면 정확한 답을 하는 학생이 별로 없습니다. 책을 읽은 것이 아니고 내용에 대한 이해없이 눈으로만 읽고 지나갔기 때문이죠. 자신이 책을 집중하여 읽었는지 아니면 건성으로 읽고 지나갔는지를 알아보는 습관을 점검하는 간단한 방법이 있습니다.

교과서의 한 단원의 시작 부분부터 예제 1번 전까지 읽고서 그 단원 제목의 뜻이 무엇인지 설명해 보는 것입니다. 설명을 적어 보면 더 확실합니다. 예를 들어 학생이 이차방정식 단원을 처음부터 예제 1번 전까지 읽기를 마친 후에 책을 덮고 이차방정식의 뜻을 스스로 적어 보는 것입니다. 현실은 정확하게 답하는 학생이 거의 없는 실정입니다. 단원 제목의 뜻조차 이야기하지 못하면 그 단원 공부는 제대로 될 리가 없습니다. 단원 제목의 뜻을 모르는데 어떻게 단원에 등장하는 용어의 개념을 알 수 있을까요? 이런 상태에서 문제를 많이 푼다 한들 헛수고가 됩니다. 이런 현상의 근본 원인이 잘못된 책 읽기 습관인 것을 깨달아야 수학 과목뿐만 아니라 모든 과목 공부가 희망이 있습니다.

학생들의 책 읽는 습관을 진단해 보았더니 단원 제목의 뜻만 제대로 설명하지 못하는 것이 아닙니다. 이차방정식 단원을 공부한 학생에게 '이차방정식을 푼다는 의미를 말해 보아라.', '이차방정식을 어떻게 푸는 것인지 설명해 보아라.'라고 하면 대답하지 못합니다. 상당수의 학생이 책에 그런 내용은 없었다고까지 합니다. 교과서를 다시 읽어보라 하고 같은 질문을 해도 만족할 만한 답을 하는 학생은 몇 명 안 됩니다. 물론 그 답은 교과서에 모두 있습니다.

한 단원을 시작해서 예제 1번까지는 한쪽 정도에 불과합니다. 그 적은 양을 읽고 바로 질문해도 대답하지 못하기 때문에 수학 공부가 어렵고 힘든 것입니다. 알지 못하니 어렵고 힘든 것이지요. 학생에게 책 읽는 습관을 점검하여 보면 여러 가지 문제점이 있음을 발견하게 됩니다. 내용을 이해하려면 집중해서 읽어야 하는데 문제 풀 때와 비교하면 내용을 읽을 때는 집중을 하지 않습니다. 내용 공부에 대한 인식이 문제 풀기보다 많이 부족해서입니다.

읽는 습관 교정 사례

학생들의 읽는 습관을 교정한 사례입니다. 교과서 한쪽 정도를 처음 읽고 난 후 질의하여 대답을 제대로 하지 못하는 학생에게 다시 읽어보라고 합니다. 두 번째 읽을 때는 처음보다 집중하여 읽습니다. 두 번째 읽고 난 다음 같은 질문을 학생에게 합니다. 두 번을 읽고서도 완벽한 답과는 거리가 있습니다. 학생 대부분 이런 과정을 5회 정도 되풀이하고서야 내용을 읽고 이해할 수준의 집중력에 도달합니다. 처음에는 집중하지 않아서 그냥 지나쳤던 용어의 뜻을 다섯 번째가 되고서야 집중력을 높이고 생각하며 읽습니다.

학생은 읽었다고 하는데 질문해 보면 왜 대답을 못 할까요? 눈은 책의 글자를 따라서 지나가는데 뇌는 글자를 따라서 작동하지 않았기 때문이죠. 예를 들어 책의 설명에 자연수라는 단어가 있으면 머리에 자연수를 떠올리면서 그 부분을 읽어야 하는데, 그렇게 하지 않으면 읽고 난 후에 생각이 나지 않습니다. 설명에 등장하는 모든 용어를 머리에 떠올리면서 읽어야 합니다. 읽는 내용을 뇌가 체험해야 이해가 가능합니다.

용어를 떠올릴 때 용어의 뜻을 모르면 그 순간 읽기를 멈추고 모르는 용어의 뜻부터 공부하고 다시 읽기를 이어가야 합니다. 책을 읽고 나서 뜻을 바르게 설명하지 못하면 책 읽는 습관이 잘못된 것이고, 책 읽는 습관이 잘못되면 내용 이해가 문제를 풀 수준에 도달하지 못합니다.

책 읽기 습관을 교정하면 수학 한 과목 성적만 영향을 미치는 것이 아니라 모든 과목 성적이 향상되는 현상을 경험하였습니다. 책 읽기가 헛읽기가 되면 공부 전체가 헛공부가 됩니다. 빨리 읽기보다 정확하게 읽어야 합니다.

책을 훑어만 보고 지나가다가 바르게 읽는 습관으로 책을 읽기 시작하면 쉬운 내용을 읽어도 뇌가 금방 피로를 느끼게 됩니다. 근육이 발달하듯 뇌도 활동을 통하여 발달합니다. 읽는 습관 교정을 통해 초기에는 10분만 지나도 지치던 학생도 꾸준히 노력하면 두 시간 정도까지 집중력을 유지하며 읽을 수 있게 됩니다.

　성적이 중간도 안 되는 학생의 책 읽는 습관을 교정하니 바로 다음 시험에서 상위권 성적을 얻었습니다. 개인 차이가 있긴 하지만 읽는 습관 하나만 바르게 교정해도 예외 없이 수학 성적이 향상되는 것을 경험하였습니다. 이처럼 성적 향상에 가장 크게 영향을 주는 공부 습관은 제대로 읽는 습관이죠. 수학 성적이 좋지 못한 학생은 예외 없이 읽는 습관이 잘못되어 있고, 읽는 습관 교정 없이 실력 향상을 기대하긴 어렵습니다.

　다음은 학생들의 읽는 습관을 교정하여 얻은 실제 결과입니다. 읽는 습관을 교정하고 난 후의 성적은 교정 전 점수와 100점의 중간 정도로 개선되는 현상을 관찰할 수 있었습니다. 예를 들어 읽기 교정 전의 성적이 60점이던 학생은 교정 후 60점과 100점 중간인 80점 정도 성적을 얻습니다. 읽는 습관 교정만으로 두 달 만에 이룬 성과입니다. 읽는 습관이 좋아지면 개념을 이해하는 정도가 좋아지고, 이는 문제 해결력이 좋아지는 연쇄반응이 일어납니다.

(2) 쓰기

　쓰기는 앞서 문제 풀기, 공식 공부와 단원 정리에서 이미 설명하였습니다. 수학자들은 수학 공부는 읽기가 반 쓰기가 반이라고 합니다. 풀이 과정을 잘 쓰는 습관은 어려운 문제를 풀 때 결정적 도움이 되기도 합니다. 쓰기를 잘하면 고등학교 수학 문제 풀기에서의 어려움이 현저히 줄어듭니다.

　복잡한 계산을 할 때 계산 과정을 잘 쓰면 계산이 쉽고 잘 틀리지 않는 것처럼 문제를 풀 때도 풀이 과정을 잘 쓰는 것이 어려운 문제 해결에 결정적인 도움이 되기도 합니다. 개념도 적어 보면 정확하게 알지 못하고 있는 개념이 있다는 사실을 깨닫게 됩니다. 단원 정리도 적어봄으로 완성할 수 있습니다.

식을 공부할 때 역시 적어 보는 것이 가장 확실한 공부 방법입니다.

$$(a+b)^2 = a^2 + 2ab + b^2$$
$$(a+b)(a-b) = a^2 - b^2$$
$$(a-b)(a^2 + ab + b^2) = a^3 - b^3$$

이런 식을 공부하는 학생들 모습은 다양합니다. 이 식을 눈으로 보고서 외우고 문제를 풀려는 학생과 또는 이 식을 적어보고 문제를 풀려는 학생이 대다수입니다. 그런데 식의 좌변만을 쓰고 스스로 계산하여 우변을 얻은 학생은 단 한 번의 쓰기로 식의 이해와 동시에 쉽게 기억합니다. 이렇게 식을 써가며 공부한 학생은 문제 풀기도 훨씬 잘합니다. 수학 내용을 공부할 때 책에 나오는 모든 식을 학생 스스로 유도해 가면서 써보면 식의 이해, 기억, 문제 풀기 모두 좋은 결과를 얻게 됩니다.

수학 공부는 읽기가 반이고 쓰기가 나머지 반이라는 이야기는 수학자들만의 이야기가 아니라 수학을 공부하는 학생 모두의 이야기입니다. 수학 공부는 손으로 해야 합니다.

(3) 문제 풀기

앞서 '버려야 할 습관'에서 설명한 내용을 다시 한번 강조합니다. 문제를 읽을 때 어떻게 풀 것인가를 생각하기에 앞서 무엇을 묻고 있는지를 먼저 파악 하라는 것입니다.

학생들이 문제를 풀지 못하겠다며 질문했을 때, 문제를 풀기 위해 어떤 시도를 하였는지 물어보면 문제의 주어진 조건을 일부만 사용한 경우가 문제를 풀지 못하는 이유 중 두 번째로 많습니다. 가장 많은 경우는 문제에 등장하는 용어의 뜻을 모르는 경우입니다. 문제에 주어진 조건을 모두 사용해야 문제가 풀리는 데 조건 사용을 빠뜨리고 풀이를 시도하면 당연히 문제를 풀 수가 없습니다. 문제에 주어진 조건을 모두 사용해야만 풀 수 있습니다.

문제를 풀지 못하였을 때 문제를 풀지 못한 이유를 찾는 습관이 문제 해결력 향상에 도움이 됩니다.

2. 수학 공부가 재미있으려면

수학 과목을 좋아하든 싫어하든 수학 공부는 피할 수 없습니다. 이왕 하는 공부 재미있게 할 수 없을까요? 없던 재미도 생기면 잘하게 된다는 것을 우리는 압니다. 그렇다면 재미가 있고 없고는 왜 생길까요?

수학을 싫어하는 학생조차 내용을 알면서 공부하면 재미있어합니다. 좋아하고 싫어하는 것과 재미가 있고 없는 것은 다릅니다. 수학뿐만 아니라 무엇을 하든 알면 재미있고 모르면 재미가 없습니다. 예를 들어, 핸드폰이나 컴퓨터로 게임을 할 때 이기는 방법을 알면 게임이 재미있습니다. 야구 규칙을 전혀 모르는 사람과 야구 규칙을 잘 아는 사람 두 명이 야구 경기를 관전하면 누가 더 재미있어할까요? 당연히 경기 규칙을 알고 보는 사람이 더 재미있어 하겠지요. 소설도 마찬가지로 내용을 모른 채 읽으면 재미가 없고, 이해하면서 읽으면 재미있습니다.

수학이 좋고 싫음은 태어날 때 어느 정도 결정됩니다. 그러나 수학이 재미있고 없고는 공부하기에 따라서 변합니다. 공부할 때 내용을 모르면 재미가 없고 알면 재미있습니다. 수학 공부가 재미없다면 '내용을 모르고 있다.'라는 사실을 깨달아야 합니다. 수학 공부가 재미있으려면 내용의 이해가 첫걸음입니다. 인간은 새로운 사실을 깨달을 때 행복을 느낀다고 합니다. 수학 공부의 재미를 위해서는 알려고 공부해야 합니다.

경험에 의하면 수학 공부를 잘 못하는 학생이 내용을 이해하는 순간 예외 없이 얼굴에 미소가 번집니다. 그것이 바로 앎의 기쁨이죠.

문제 풀기가 재미있으려면 풀려는 문제가 잘 풀려야 합니다. 잘 풀리지 않으면 재미가 없습니다. 그런데 문제를 풀려면 내용을 아는 것이 먼저입니다. 결국 내용 공부든 문제 풀기든 재미를 느끼고 싶으면 내용을 알아야 하는 것이 우선입니다.

3. 시험이 다가오면 불안하다.

이유는 간단합니다. 자신의 실력보다 높은 점수를 얻으려고 하기 때문입니다. 시험 범위 내용을 정확하게 알지 못하고 있으면 마음이 불안합니다. 그런데도 시험에서는 높은 점수를 맞으려고 한다면 시험이 다가올수록 불안감은 고조됩니다. 시험을 앞두고 불안하면 시험 준비를 하기가 더 어려워져서 성적이 오히려 더 떨어지는 경우가 있습니다.

이 문제의 해결책은 두 가지입니다. 첫 번째, 단기적으로 시험 성적 목표를 낮추세요. 아주 간단하죠. 시험에서 '내가 아는 만큼만 점수를 맞자.'라고 생각을 고쳐먹기만 해도 불안한 마음이 반 이상 사라집니다. 목표를 낮추어 불안한 마음이 줄어들면 오히려 시험 준비를 더 잘하게 되어 시험에서 좋은 결과로 이어집니다.

자신의 실력이 부모의 기대보다 부족함을 알고 있는 학생이 꽤 많습니다. 이런 경우 수학 과목 자체가 부담되죠. 부모의 기대가 높아서 높은 성적을 받아야 한다고 생각하고 있다면 부모와 함께 노력해야만 합니다. 실력보다 높은 성적을 받는 방법은 없으니까요. 목표를 낮추세요.

두 번째, 불안한 마음을 없애려면 아는 것을 늘려야 합니다. 문제를 많이 푼다고 불안한 마음이 진정되지 않습니다. 풀리지 않는 문제에 비례해서 불안한 마음은 커집니다. 문제를 풀 게 아니라 내용 공부를 다시 하는 편이 낫습니다. 시험을 앞둔 학생에게 마지막으로 교과서를 아주 자세히 읽게 하였더니 마음이 진정된다고 합니다. 학생들과 실천하여 본 결과 불안한 마음을 줄이기 위해서는 문제를 푸는 것보다 차분히 개념 공부하는 편이 낫습니다.

시험 때마다 불안해하는 학생에게 시험이 끝난 다음 한 달간 문제집의 문제 풀기를 멈추고 교과서를 가지고 내용 공부만 하게 했습니다. 개념을 스스로 설명할 수 있을 때까지 교과서를 천천히 정독시켰습니다. 이렇게 공부한 모든 학생에게서 불안한 마음이 거의 사라졌습니다. 불안하면 문제 풀기를 멈추고 내용 공부를 하세요.

모르는 데 문제를 풀려니 불안한 것입니다. 이는 수학만 그런 것이 아닙니다. 해야 할 일이 있는데 어떻게 해야 하는지 모르면 불안합니다. 일을 앞두고 어떻게 해야 하는지 안다면 불안하지 않습니다. 알아야 문제를 해결할 수 있고 문제가 해결되어야 마음이 편하죠. 성적이 늘 좋은 학생도 개념 공부를 더 충실하게 공부하도록 했더니 불안한 마음이 줄었다고 합니다. 쉬운 책을 읽을 때 마음이 편안한 것처럼 수학도 내용이 쉽게 이해되어야 마음이 편안합니다.

수학 공부뿐만이 아닙니다. 실력이 부족한 운동선수는 시합을 앞두고 불안한 마음이 생기죠. 운동선수가 불안한 마음이 들지 않고 자신감을 가지려면 실력을 높여야 합니다. 수학 공부! 아는 걸 늘리고 기대하는 성적을 낮추면 불안한 마음은 눈 녹듯 사라집니다.

4. 문제 풀 때 실수를 많이 한다.

시험을 보고 나서 학생에게 문제를 틀린 이유를 물으면 실수했다는 대답을 자주 듣게 됩니다. 그런데 실수로 틀렸다는 문제를 학생과 함께 한 문제씩 따져보면 실제로 실수가 아닌 경우가 더 많습니다. 실수가 아닌데 실수라고 생각하면 같은 잘못을 되풀이하게 됩니다. 같은 잘못을 되풀이하지 않기 위해서는 정확한 이유를 찾아 교정해야 합니다. 수학 시험에서는 한 문제에 대한 배점이 다른 과목에 비해 크기 때문에 한 문제 더 맞느냐 틀리느냐는 성적 차이가 작지 않죠.

학생은 실수로 틀렸다고 하지만 학생과 자세히 토론해 보면 실수가 아닌 것으로 밝혀지는 경우가 많습니다. 학생은 시험에서 틀린 문제에 대해 알고 있는 문제라고 생각하고 풀었다고 합니다. 하지만 실제로는 모르고 있으면서 알고 있다고 착각하고 문제를 푼 경우가 제일 많습니다. 시험을 준비하면서 한때 알았지만 시험 시간에는 생각해 내지 못한 문제도 있습니다. 이런 경우는 실수가 아니라 아는 정도가 불완전한 것입니다. 냉정이 분석하면 시험 문제를 기준으로 했을 때 시험 시간 중에는 모르는 것입니다. 내용을 아는 게 아니라 단순히 외운 채로 문제를 푸는 경우도 틀리고 나면 학생은 실수했다고 합니다.

시험에서 실수로 틀렸다는 것은 문제 풀이 과정 중 단순한 계산을 잘못한 경우처럼 이미 익숙하게 잘하던 과정을 틀린 경우입니다. 실수는 어느 정도 불가피하다고 생각하지만 그렇지 않습니다. 한 문제를 풀 때 처음부터 끝까지 집중력이 유지되면 실수는 일어나지 않습니다. 뇌가 순간 다른 생각을 하거나 휴식하면 그 순간 문제 풀이가 잘 못 됩니다.

공부의 양이 너무 많으면 뇌가 과부하를 피하려 스스로 쉬기도 합니다. 흔히 시험 보다가 잠깐 멍때렸다고 하는데 이는 뇌가 스스로 휴식을 취하는 현상으로 뇌에 과부하가 걸렸을 때 일어나는 현상입니다.

실수를 줄이려면 집중력이 좋아야 하고 집중력을 좋게 하려면 마음을 편하게 관리하는 것이 관건입니다. 마음만 편하게 먹어도 집중력이 올라가고 실수가 줄어들게 됩니다. 과목에 따라 마음이 편한 과목도 있고 불안한 과목도 있습니다. 수학 과목을 생각하면 마음이 불안한 학생은 수학 공부를 잘하기 어렵습니다. 스스로 마음을 편하게 갖기 위해 무엇이 필요한지 점검해 볼 필요가 있습니다. 학생들의 절반 정도가 부모의 성적에 대한 압박 때문에 마음이 불안하다고 합니다. 이런 경우는 부모와 자녀 사이에 허심탄회한 대화가 필요합니다. 편안한 마음을 갖는 비결은 내용을 그냥 외우지 말고 이해하는 것입니다. 이해해야 마음이 편하고, 집중해야 실수가 사라집니다.

5. 수학이 너무 어렵다.

수학 공부가 어려우면 그 이유와 해결책을 반드시 찾아서 해결해야 합니다. 어려운 것을 억지로 참으며 공부하면 상황은 더 악화됩니다. 많은 부모는 수학 공부가 어려운 것은 당연하고 어려워도 참고 공부해야 극복할 수 있다고 자녀에게 이야기합니다만 이는 잘못된 생각입니다. 모든 일과 마찬가지로 수학 공부도 어려운 것을 억지로 해서는 성공할 수 없습니다. 수학 과목이 어려운 이유와 해결책을 알아보겠습니다.

중학생에게 초등학교 수학 공부를 시켜 보면 내용이 쉽다며 이해를 잘합니다. 그러면서 자신이 초등학생 때 지금처럼 이해했다면 그때 수학 공부를 어려워하거나 힘들어하지 않고 재미있게 공부했을 거라고 이야기합니다. 여기에 수학을 어려워하는 학생에 대한 해결책이 있습니다.

수학 공부가 어려울 땐, 현재 공부하는 단원의 배경지식이 되는 저학년 수학 공부부터 다시 하면 짧은 시간에 어려움이 크게 개선됩니다. 저학년 수학 전체를 공부하는 것이 아니라 현재 단원 공부에 배경지식이 되는 필요한 단원만 먼저 공부하면 시간도 그리 많이 걸리지 않습니다. 수학 내용이 단계적으로 구성되어 있어 저학년 수학을 모르면 당연히 지금 공부하는 단원이 어렵습니다.

수학을 어려워하는 중학생을 진단해 보면 초등학생 때 수학 공부를 하면서 발달해야 할 뇌가 발달하지 않았음을 알 수 있습니다. 또 저학년 때 배운 지식도 잊고 있습니다. 그러니 수학이 어려운 것입니다. 수학이 어려우면 저학년 공부를 채우세요.

6. 시험 시간에 머리가 하얗게 된다고?

시험을 앞두고 열심히 공부하여 시험에 대비했는데 정작 시험 시간에는 머리가 하얗게 되어 아무 생각도 나질 않았다고 합니다. 이런 이야기를 들으면 안타깝습니다. 시험 시간에 이런 현상이 일어나는 이유는 무엇일까요?

시험을 앞두고 높은 긴장 상태에서 공부하면 평소보다 많은 양의 공부를 하게 됩니다. 이때 공부의 양이 뇌가 수용할 수 있는 한계치를 넘어가게 되어 머리가 작동 불능 상태에 이르게 됩니다. 마치 기계를 식혀주지 않고 계속 가동하면 과부하로 인해 기계가 열이 나서 결국에는 고장이 나는 현상에 비유할 수 있습니다.

시험을 앞두고 지나치게 많이 공부하면 판단력도 흐려집니다. 지금까지 공부하여 정리하고 기억했던 내용도 생각나지 않습니다. 게다가 수학 시험 문제는 다른 과목에 비해 읽고 판단하는 문제가 많습니다. 운동선수가 대회 직전에는 오히려 운동량을 줄이고 긴디선을 조절하듯이 시험 직전에는 공부량을 조절하고 지금까지 공부한 것만 제대로 깔끔하게 정리하는 편이 문제를 더 풀어 보는 것보다 좋습니다.

7. 책을 읽어도 이해가 안 가면 무엇이 문제인가?

다양한 이유 중, 그 무엇보다도 뇌 활동과 관련성이 큽니다. 책을 읽든 설명을 듣든 뇌가 내용을 떠올려야 이해할 수 있습니다. 수학 과목의 특성상 배경지식의 부족도 무시할 수 없습니다. 예를 들어 설명하겠습니다. 학생이 종로 3가에서 경복궁을 가는 길에 대한 설명을 듣는다고 하겠습니다. 종로 근처의 지리를 잘 알고 있는 학생의 뇌와 종로 근처를 전혀 모르는 학생의 뇌는 같은 설명을 들을 때 반응이 다릅니다.

종로 근처를 잘 아는 학생이 설명을 들을 때 머릿속에 종로를 떠올리며 어느새 설명을 길을 따라 가는 듯 듣게 됩니다. 즉 뇌가 설명을 따라 경로를 쫓아가면서 들으므로 뇌가 설명에 반응합니다. 반면에 종로를 전혀 모르는 학생이 설명을 들으면 들은 내용을 순서대로 그냥 외워야 합니다. 배경지식이 없으면 설명을 이해하기 힘들어서 외워야 합니다.

이전 학년에서 배운 내용을 충분하게 복습했는데도 개념 이해가 잘 안된다면 무엇이 문제일까요? 단원의 내용과 현실의 연결도 내용 이해에 중요한 부분입니다. 같은 배경지식이 있어도 같은 내용을 읽고 학생마다 이해하는 정도는 차이가 있습니다. 또한, 집중력의 차이도 하나의 이유입니다.

8. 스트레스 없이 공부하기

(1) 휴식

자녀에게 부모가 한마디 던집니다. "공부 안 해?" 그러면 자녀는 "쉬는 중이에요."라고 대답합니다. 여기서 단지 공부를 하고 있지 않은 것과 휴식의 차이가 무엇인지를 구별해야 합니다.

공부하다가 멈추고 게임을 하였다면 이것은 휴식일까요? 공부하다가 멈추고 샤워를 했다면 휴식일까요? 게임을 하는 동안 뇌는 쉬지 못합니다. 단지 공부하지 않는 것이지 뇌는 휴식을 취하지 못하죠. 샤워하는 동안 잠시 공부는 머리에 떠오르지 않습니다. 공부하는 뇌 활동이 멈추어야 휴식입니다. 휴가철에 떠나는 여행은 휴식입니다. 여행 중에는 공부 생각을 잊고 지내기 때문입니다.

학생들과 이야기 해 보면 핸드폰을 장시간 사용하거나 게임을 오랫동안 하고 나면 마음이 편안해지지 않는다고 합니다. 다시 공부를 시작하려면 오히려 공부에 집중하기가 더 어렵다고 합니다. 공부하다가 휴식이 필요해서 공부를 멈추고 핸드폰을 사용하면 실제로는 휴식이 아닌 경우가 많습니다. 공부에 도움이 되는 적당한 휴식이 무엇인지 자신만의 휴식을 찾을 필요가 있습니다. 휴가가 있기에 평소 일을 열심히 할 수 있는 것처럼 휴식을 잘해야 공부의 효율성을 높일 수 있습니다.

진정한 휴식은 두뇌와 가슴 모두가 공부로부터의 단절된 편안한 상태를 의미합니다. 공부하고 있지 않을 때 마음이 불안하면 진정한 휴식이 아닙니다. 공부를 멈추고 게임을 할 때는, 잠시 공부하지 않고 있지만 마음이 편안하지는 않아 휴식이 아닙니다.

며칠 동안 휴가를 다녀와서 다시 공부나 일을 시작하려면 처음에는 잘 안되죠. 완전한 휴식을 했기 때문입니다. 한 시간 정도 농구 경기도 휴식의 좋은 예입니다. 샤워나 목욕도 좋은 휴식입니다. 적어도 하루에 한 시간 정도 완전한 휴식을 갖는 것이 공부의 효율성을 높이는 데 도움이 됩니다. 일주일에 적어도 한나절 완전한 휴식을 갖는 것이 좋습니다. 방학 기간에는 적어도 이틀 이상 완전한 휴식이 되는 여행을 떠나세요. 이런 휴식이 기대되어야 평소 공부할 때 집중력을 높일 수 있습니다.

공부하다가 휴식하려고 농구 경기를 하였다고 하겠습니다. 하다 보면 두 시간을 넘어 지칠 때까지 하는 학생도 있습니다. 이 경우 뇌는 공부로부터 충분한 휴식이 되지만 몸은 지나친 운동으로 지쳐서 공부에 방해가 되기도 합니다. 가벼운 운동이 공부로부터 좋은 휴식이 됩니다.

(2) 스트레스 관리

스트레스 속 학생의 일상

대학 입시를 끝낸 학생에게 몇 학년 때 가장 공부를 많이 했는지 물어보았습니다. 고등학교 3학년 때 가장 많이 공부할 것이라는 통념과 다른 답이 나왔습니다. 고등학교 2학년 때가 고등학교 3학년 때보다 더 많이 공부했다고 답하는 학생이 많습니다. 이유가 무엇일까요? 스트레스의 관리를 잘못하는 것이 한 가지 원인이 아닐까요? 고등학교 3학년을 앞둔 고등학교 2학년 말 겨울방학이 되면 공부를 많이, 그것도 힘들게 해야 한다는 강박에 하루하루 스트레스 속에서 지내기 시작합니다.

겨울방학부터 집중하여 공부하다가 봄이 되면 지치기 시작하는 고등학교 3학년 학생이 많습니다. 대학 입시가 한참 남은 6월, 평가원 모의고사 직후부터 지치는 학생이 급격하게 증가하기 시작합니다. 겨울방학부터 무리하게 공부하여 지친 것입니다.

스트레스를 잘 관리하지 못하면 집중하기 어렵고, 공부하기가 싫습니다. 또 쉬다가 공부하려고 해도 시작하기가 쉽지 않습니다. 공부를 시작하고도 몰입을 잘 못합니다. 스트레스 속에서 공부하면 금방 지쳐서 피곤합니다. 다음은 스트레스 속 학생들이 겪는 일상의 한 모습입니다.

주중에 학교 수업이나 학원이 끝나도 자신의 공부를 바로 시작하지 못합니다. 그러면서 '시간이 많은 토요일과 일요일에 많이 해야지'라고 생각합니다. 토요일! 이런저런 일을 좀 하다가 벌써 저녁입니다. 일요일이라고 별반 다르지 않습니다. 주말이면 일찍 공부를 시작해 봐야 점심 식사 이후입니다. 잠깐 공부를 하다가 친구라도 만나 이야기를 나누다 보면 금방 저녁 식사 시간입니다.

스트레스 속에서는 일주일 단위로만 시간을 허비하는 것이 아닙니다. 학기 중에는 은근히 방학을 기대합니다. '방학 때에는 시간이 많으니 많은 공부를 할 거야'라고 다짐합니다. 그러나 방학이 시작되어도 별반 나아지지 않습니다. 스트레스 관리를 잘하지 못하면 수학뿐만이 아니라 공부 자체가 어렵습니다.

스트레스 극복하기

스트레스 극복의 첫걸음은 공부를 많이 해야 한다는 부담감에서 벗어나는 것입니다. 그러기 위해서는 실천하기에 부담이 적은 양의 공부 계획을 세울 필요가 있습니다. 막연히 '공부를 많이 해야지'가 아니라 구체적인 계획이 필요합니다.

예를 들어, 주말에 딱 한 과목이나 두 과목만 공부하는 것으로, 그것도 아주 적은 양의 공부 계획을 세우는 것입니다. 양 자체가 적어서 가벼운 마음으로 시작할 수 있게 해야 합니다. 음식도 억지로 많이 먹어야 한다면 먹기도 전에 식욕이 떨어질 수도 있습니다. 운동을 조금만 하면 재미를 느끼지만 억지로 많이 해야 한다면 시작도 하기 전에 싫어지죠. 실제로 학생과 함께 의논하여 이렇게 적은 양을 목표로 계획을 세웠더니 실천하는 공부량이 오히려 증가했습니다.

이런 경험을 한 학생들은 적은 양이라도 계획을 세운 데로 공부하면 그 성취감에 오히려 스트레스가 줄어들고 마음이 편안해진다고 이야기합니다. 적은 양을 공부하고 남는 시간은 휴식하면 주 중 학교 수업 시간에도 효율적으로 공부하게 됩니다. 악순환을 선순환으로 바꾸기 위해서는 부담이 적고 구체적인 계획을 세워 실천하는 것이 스트레스 해결의 첫걸음입니다.

공부 효율이 높은 생활

학교 수업 시간에 충실한 것이 가장 효율적인 공부 방법입니다. 이는 세계 모든 나라에서 학교 수업을 하는 것을 보아도 알 수 있습니다. 그러나 우리나라 현실은 학교 수업을 듣는 학생이 몇 안 됩니다. 수업을 듣지 않는 학생에게 듣지 않는 이유를 물어보면 수업 시간에 들을 게 없다고 합니다. 그런데 수업 듣는 학생은 학급에서 상위권 학생이죠. 들을 게 없는 게 아닙니다.

밥을 잘 먹어야 건강하고 보약은 단지 일시적으로 부족함을 채워야 하는 것처럼 학교 교육이 주가 되고 사교육은 보약처럼 부족함을 채우는 역할을 해야 효율적 공부가 됩니다. 사교육에 의존해서 공부하는 것은 시간적인 관점에서 비효율적입니다.

학생 중에는 늦게 잠드는 학생이 많습니다. 늦은 시간까지 공부하는 학생도 있지만 그보다도 게임이나 핸드폰 사용으로 밤을 보내는 학생이 많습니다. 이러다 보면 학교 수업 시간에 수업을 충실하게 들을 수 없게 됩니다. 공부 효율을 높이기 위해서는 일찍 잠자리에 들어야 합니다. 그래야 학교 수업 시간을 허비하지 않고 알차게 보낼 수 있습니다.

(3) 공부의 양과 집중력

공부의 양이 많으면 많을수록 학업 성적이 올라갈 것이라는 막연한 기대는 매우 위험한 생각입니다. 운동선수에게 훈련 시간을 늘리면 흥미가 줄고 부상의 위험은 올라갑니다. 마찬가지로 공부 시간을 늘리면 그만큼 보이지 않는 위험 부담이 늘어남을 생각해야 합니다. 어릴 때 운동을 매우 잘하던 선수가 어느 날 갑자기 운동을 그만두는 경우를 종종 접합니다. 장기간 많은 훈련으로 운동이 싫어진 것도 흔한 이유 중 하나입니다. 흔한 표현으로 질린 것입니다. 운동선수가 운동을 그만둘 때 그 이유를 찾기는 비교적 수월 하지만 학습을 포기하는 이유는 상대적으로 찾기가 어렵습니다.

억지로 많이 하는 공부보다 살짝 부족한 듯 꾸준히 하는 공부가 장기적으로는 좋은 결과를 냅니다. 방학이면 하루에 다섯 시간씩 수학 공부를 시키는 학원이 꽤 있습니다. 이는 교육 심리를 모르는 무모한 방법입니다. 하루 다섯 시간씩 매일 수학 공부를 한다면 뇌는 다섯 시간을 견디기 위해 처음부터 집중도를 떨어뜨립니다. 집중도가 낮은 상태로 장시간 공부하면 내용의 이해 정도가 높지 않고 사고력의 향상은 거의 없습니다.

운동선수가 전력으로 질주해야 기록을 단축할 수 있듯이 수학 공부도 최고의 집중력을 유지한 상태에서 공부해야 학습 능력이 향상됩니다. 한 번에 장시간 동안 공부하는 것보다는 집중력을 높여 공부는 것에 더 신경을 써야 합니다. 평소에 집중하지 않고 공부하는 습관에 길들여진 학생들에게 집중한 상태로 수학을 공부하게 하였더니 20분이 되기도 전에 지쳐 더 이상 공부를 하지 못하겠다고 합니다. 집중력을 유지한 상태로 꾸준히 공부하면 집중력의 지속 시간은 늘어납니다. 그러나 수학 공부를 집중해서 하루 두 시간 넘게 하면 다른 과목 공부에 지장을 줍니다. 높은 집중력과 적절한 휴식을 동반하여 공부하여야 좋은 학습 결과를 낼 수 있습니다.

학습 능력을 높이기 위해 필요한 집중력의 시간은 수학은 하루 두 시간을 넘기지 않는 것을 권유합니다. 그리고 전 과목을 하루 6시간 이내에 집중해서 공부하고 나머지 시간은 휴식을 갖는 것이 좋습니다. 이렇게 일주일에 5일 정도 공부해야 학습 효율을 극대화할 수 있습니다. 공부가 잘된다고 욕심을 내서 더 공부하면 다음 날 집중해서 공부하기가 어려워 공부 총량이 오히려 줄어듭니다. 지친 상태로 운동을 하면 기록 단축의 결과를 얻지 못하고 때로는 부상의 결과를 불러오는 것처럼, 지친 상태에서 억지로 공부한다고 해서 성과가 있는 것이 아닙니다.

받아들이는 공부보다 자신이 공부를 얼마만큼 해야 하는지 알고 실천할 때 공부 효과가 최상의 결과로 이어진다는 사실을 유념할 필요가 있습니다. 학자들이 이야기하는 자기 주도 학습입니다.

(4) 명문대 입시에 성공하는 학생의 특징

머리가 좋아야 최상위권 대학 입학이 가능하다고 생각하는 사람이 많습니다. 수십 년 동안 학생들을 관찰한 결과 머리보다 더 중요한 요인이 있다는 것을 알게 되었습니다.

초등학교 운동장에서 점심시간이나 학교가 끝난 후에 축구하는 초등학생들이 많습니다. 성인이 되었을 때, 이들 중 누가 축구를 잘할까요? 어릴 때는 운동 신경이 좋은 학생이 제일 잘합니다. 그런데 열심히 그리고 꾸준히 노력한 학생은 학년이 올라가면서 실력이 향상되는 반면 노력하다 한계에 부딪혀 극복하지 못하면 그 수준에 머무르게 됩니다.

결국 자신의 부족한 부분을 노력으로 극복하며 자신을 끊임없이 발전시키는 학생이 나중에는 축구를 잘하는 학생이 됩니다. 즉, 어릴 때는 운동 신경이 좋은 학생이 운동을 잘 하지만 성인이 되어서 최고가 되는 사람은 지독한 노력으로 계속 발전하는 사람입니다.

수학 과목과 다른 과목들도 마찬가지입니다. 대학 입시에서 최상의 결과를 얻는 학생은 지독하다고 할 만큼 의지가 강한 특징이 있습니다. 어릴 때는 머리가 좋은 학생이 공부를 잘 하지만 학년이 올라가면서 자신의 한계를 깨면서 지독하게 노력하는 학생이 최고가 됩니다. 머리가 부족한 것은 의지로 극복할 수 있지만 의지가 부족한 것은 머리가 좋다는 이유만으로 극복할 수 없기 때문입니다.

9. 쓸 데도 없는 수학 왜 공부하는지 몰라요.

가끔 쓸 데도 없는 수학을 왜 배우는지 모르겠다는 이야기를 듣곤 합니다. 이런 생각을 하는 학생은 수학을 잘할 수가 없습니다. 그렇게 이야기하면 시나 소설은 어디에 쓸데가 있어서 배우는지 설명해 보라고 하고 싶습니다. 음악이나 미술도 그렇고요. 대학 입시에 수학이 큰 비중을 차지하는 나라는 우리나라만이 아니죠. 모든 나라 대학 입시 과목에 모국어와 수학 과목이 가장 큰 비중을 차지합니다. 선진국에서는 수학 비중이 우리나라보다 더 높습니다. 그만큼 수학을 배우는 이유는 차고 넘칩니다.

수학 공부를 잘하면 사람들이 똑똑하다거나 머리가 좋다고 하는데 이는 수학 공부를 하다 보면 사고력이 발달하기 때문인 이유도 있습니다. 똑똑하거나 머리가 좋아서 수학을 잘할 수도 있지만, 수학 공부를 하면 사고력이 발달하기 때문에 똑똑하다고 하기도 하고 머리가 좋다고 하기도 합니다. 수학을 공부해야 하는 이유는 사고력뿐만이 아닙니다.

계산은 계산기가 다 하는데 왜 계산을 배우나요? 수학에서 계산이 가장 단순하고 제일 쉽습니다. 그러기에 계산기가 많은 수학 도구 중 가장 먼저 개발되었습니다다. 생각해 보겠습니다. 계산할 줄 모르는 원시 부족에게 계산기를 준다면 사용할 수 있을까요? 물론 사용하지 못합니다. 계산할 줄 알아야 계산기를 쓸 수 있습니다. 계산기 없이도 계산할 수 있는 사람이라야 계산기 도움을 얻을 수 있습니다. 계산을 할 수 없는 사람에게는 계산기가 아무 소용이 없겠지요.

그러면 이제 계산을 배워야 한다고 인정하죠. 그런데 자연수만 계산하면 되지 유리수는 왜 알아야 하나요? 수학 공부를 잘하고 못하고는 배우는 수학 개념을 현실과 얼마나 잘 연결하는지에 따라 차이가 납니다. 정수가 아닌 유리수 중 가장 간단한 수가 $\frac{1}{2}$입니다. 유리수 $\frac{1}{2}$이 현실에서 무엇을 뜻하는지 아는 학생은 유리수 단원을 쉽게 공부합니다. $\frac{1}{2}$의 뜻을 정확하게 알고 늘 $\frac{1}{2}$의 뜻을 떠올리며 공부하면 수학은 쉬워지는데 그렇게 개념을 생각하며 공부하는 학생들이 많지 않습니다.

하나를 똑같이 둘로 나눈 하나를 $\frac{1}{2}$이라고 합니다. 또 전체를 똑같이 둘로 나눈 하나를 전체의 $\frac{1}{2}$이라고 합니다. 빵 한 개를 정확하게 둘로 나눈 둘 중 하나를 빵 $\frac{1}{2}$개라고 합니다. 물 $100\,g$이 있을 때 $50\,g$을 $100\,g$의 $\frac{1}{2}$이라고 합니다. 모두가 다 알고 있는 것 같은 $\frac{1}{2}$의 뜻을 설명해 보라고 하니 정확하게 대답하는 학생이 드물어요. 분수의 개념을 모르면서 분수의 계산이 어렵다고 합니다.

분모가 다른 두 분수 $\frac{1}{2}$과 $\frac{1}{3}$을 덧셈이나 뺄셈을 할 때 통분이 필요합니다. 그런데 학생에게 통분을 왜 해야 하는지 설명하여 보라고 하면 정확하게 대답하는 학생이 거의 없습니다. 학생들이 계산 방법인 '어떻게'는 아는 데 개념인 $\frac{1}{2}$을 정확하게 알지 못하고 통분하는 이유인 '왜'는 모릅니다. 초등학교 6년의 전체 과정 중 학생에게 수학을 싫어하게 만드는 가장 큰 영향을 주는 주제가 분수의 덧셈, 뺄셈, 곱셈, 나눗셈 등 분수의 사칙 연산입니다. 분수의 뜻을 모르니 분모가 다른 두 분수를 어떻게 더하는지 생각해내지 못하는 거죠. 그러니 통분해야 하는 이유를 알지 못하고 방법만 외워서 계산합니다. 또 모른 채로 분수의 사칙 연산을 할 수 있을 때까지 많은 문제를 기계적으로 반복하여 풀게 하니 흥미가 사라지고 지겹습니다.

피자 한 판을 여러 명이 나누어 먹을 때 우리도 모르는 사이에 유리수인 분수를 사용합니다. 물론 고등학교를 졸업할 때까지 배우는 수학 중 고등학교를 졸업한 후에 한 번도 사용하지 않는 것도 아주 많긴 합니다. 그건 수학만이 아니죠. 예를 들어 우리가 배운 화학은 살면서 얼마나 사용할까요? 공부는 지식만을 위해서 하는 것이 아닙니다.

수학 과목이든 다른 과목이든 배운 내용을 어디에 사용할 수 있는지 명확하게 설명하기는 어렵습니다. 하지만 수학 과목만큼 배워야 할 필요성이 큰 과목은 별로 없습니다. 당장 대학에서도 자연 계열이나 공학 계열에서는 수학 공부를 하지 않고는 전공 공부가 불가능에 가깝습니다. 뿐만 아니라 경영, 경제, 의학 등 수많은 영역에서 수학적 지식뿐만 아니라 수학적 사고력이 필요합니다.

수학 공부를 잘하려면 계산력, 이해력, 논리력, 판단력, 기억력, 추론 능력, 인내력 등 여러 가지 능력이 필요합니다. 고등학교를 졸업할 때까지 수학 공부를 하면서 이런저런 필요한 능력들이 사회생활을 잘할 수 있도록 자신도 모르는 사이 길러지게 됩니다.

수학 공부를 포기하지 않아야 하는 결정적인 이유는 또 있습니다. 고등학교 3학년 수험생 중 그 어느 과목보다 수학 과목 포기자가 많습니다. 수학은 어느 것 하나 잘못되면 제대로 공부할 수 없는 과목입니다. 수학을 잘 못하다가 자신의 문제점을 찾고 교정을 하여 수학 공부의 어려움을 극복한 학생은 다른 과목에 어려움이 닥쳐도 극복해 내는 방법을 알게 됩니다. 뿐만 아니라 모든 일상에 자신감을 가지는 것을 관찰할 수 있었습니다.

학창 시절 수학 공부하는 모습이 성인이 되어 삶을 살아가는 모습과 매우 비슷합니다. 수학 과목이 어렵다면서 수학 공부를 포기하던 학생은 성인이 되어서도 자신에게 어려움이 닥치면 극복하려 하지 않고 포기합니다. 내면에 패배감을 가지고 있기 때문입니다. 반면에 학창 시절, 수학 공부의 어려움을 극복해 낸 학생은 성인이 되어 살아가면서 어려움이 닥쳤을 때 인내심을 가지고 문제점을 기본부터 다시 생각하고 분석하고 대처합니다, 수학 과목을 극복한 경험이 인생의 어려움이 닥쳤을 때 극복하는 힘이 되는 것이죠. 수학 지식보다 더 중요한 삶의 자신감을 수학 공부로부터 얻을 수 있습니다.

수학은 초등학교 1학년부터 고등학교 3학년까지 단계적으로 올라가며 여러 영역들이 체계를 갖추어 구성되어 있습니다. 어느 것 하나만 잘못되어도 전체 공부가 어려울 수도 있습니다. 반면에 전체가 체계적이어서 단계를 밟아가며 공부하면 반드시 성공할 수 있는 과목이 수학입니다. 수학의 이런 특징 때문에 수학 공부를 잘해낸 학생은 성인이 되어서 어떤 일을 하더라도 자신도 모르는 사이 일의 체계를 알아내고 대응하여 성공합니다. 수학 공부! 해 볼 만한 가치가 있는 공부입니다.

수학은 일상의 대화도 잘하게 만든다.

중학교 도형 단원을 공부하면 논리 훈련이 자동으로 됩니다. 고등학교 1학년 때 배우는 명제 단원은 수학 전체가 논리 훈련이라는 것을 알게 됩니다. 수학 공부를 잘하면 대화할 때 조리 있는 설명을 할 수 있게 됩니다. 자연 계열이나 공학 계열이 아니라고 해서 수학 공부를 못해도 된다는 생각은 무지한 생각입니다.

방송에서 1,000원 하던 물건값이 2,000원이 되었는데 200% 올랐다고 합니다. 이는 초등학교에서 배운 백분율(%)을 몰라서 생긴 표현입니다. 1,000원의 200%는 2,000원이고 1,000원에서 200% 올랐으면 3,000원이 되어야 맞습니다. '200%가 되었다.'라고 하거나 두 배가 되었다고 표현해야 합니다. 초등학교 수학도 잘못 표현하는 방송인이 너무 많습니다. 이보다 더 심각한 설명을 방송에서 가끔 듣습니다.

10,000원이던 과일값이 풍작으로 인해 5,000원으로 폭락했다는 설명을 방송인이 '두 배가 떨어졌다.'라고 말을 합니다. 10,000원의 두 배이면 20,000원입니다. 따라서 처음에 10,000원이던 과일값이 두 배 폭락했다면 10,000원에서 20,000원을 빼서 '―10,000원'인데 이 얼마나 황당한가요? 대중에게 정확한 정보를 제공해야 할 매체가 기본 소양을 갖출 정도의 수학은 알아야 하지 않을까요? 이제 수학 공부에 대한 인식이 바뀌긴 해야 합니다.

사회가 수학의 필요성을 요구하고 있다.

사회가 수학의 필요성을 요구하고 있습니다. 대학교 2학년 수학 전공과목은 수학을 전공하는 수학과 학생에게도 쉽지 않은 과목입니다. 미국의 대학에서 강의할 때 겪었던 일입니다. 대학교 2학년 수학 전공 강좌에 법대의 많은 학생들이 수강을 신청하여 수업을 들으러 왔습니다. 법대 학생들은 수학과 2학년 이상의 전공과목을 하나 이상 수강 하는 것이 필수라고 합니다. 의아해서 법대 교수에게 문의하니, 수학 전공과목을 수강한 학생과 그렇지 않은 학생의 판결문이 다르다는 답변이 돌아왔습니다. 수학 지식이 필요한 것이 아니라 수학 공부로 얻어지는 논리력과 쓰기 능력이 필요하다는 것입니다.

이러한 예는 수도 없이 많습니다. 경제, 금융수학, 프로그램 개발, 인공지능 등 수많은 분야에서 수학적 지식을 넘어서 수학 공부로 얻어지는 사고력, 문제 해결력, 추리력 등의 능력을 필요로 합니다. 수준 높은 직종일수록 수학적인 사고력은 필수입니다. 자신의 미래를 위해 수학 공부가 필수인 시대에 살고 있습니다.

추천의 글

전 KBS PD 주미영

공부를 해야 하나? 시험 준비를 해야 하나?

저는 지금까지 공부와 시험 준비는 같다고 생각했습니다. 하지만 이 책을 읽고 나서 두 개념이 완전히 다른 것임을 알게 되었습니다. 우리 자녀들이 지금까지 공부가 아닌 시험 준비에만 몰두하느라 학창 시절이 힘들었겠구나 라는 생각이 듭니다. 부모가 먼저 이 차이를 깨우치고 두 딸을 잘 인도했더라면 하는 아쉬움이 남습니다.

수학에서 정확한 개념 이해가 문제 풀이보다 훨씬 중요하고, 원리 이해가 기억을 오래 지속시켜 문제 해결 능력도 키울 수 있다고 저자는 강조하고 있습니다. 또한 수학은 실생활과 밀접하게 연결되어 있어 관심을 가지면 누구나 흥미를 느낄 수 있고, 잘 할 수 있다고 설명합니다. 나아가 수학이야말로 이 세상의 모든 공부 중에 제일 쉽다고 선언합니다.

저자의 소망은 단순합니다. 누구나 수학의 원리를 깨닫고 즐겁게 공부했으면 하는 것입니다. 첫 페이지부터 찬찬히 읽어본 결과, 저자의 철학이 일관되게 배어 있다는 것을 알 수 있었습니다.

소수의 학생을 넘어 모든 사람의 수학으로! 힘들고 괴로운 수학을 넘어 알수록 즐거워지는 수학으로! 정의채 선생님의 도전을 응원합니다.

학부모 안효빈

수학을 전공하고 아이들을 가르쳐 온 나에게, 수학 교육의 핵심은 언제나 '어떻게 가르칠 것인가?'였다. 특히 고등학교로 진학한 아이들의 성적 변화에 대한 학부모들의 질문은 늘 나를 고민하게 만들었다. 이 책을 통해 나는 아이들의 성적 변화 뒤에 숨은 본질을 바라보는 눈을 얻었고, 독자 여러분도 아이들의 배움과 성장을 새롭게 바라보게 될 것이다.

학생 나수겸

이 책은 성적을 상승시키기도 하지만 내 생각을 상승시키게 돕기도 한다. 수학 공부에 대한 재미를 처음으로 알게 해준 책이다.

학생 박나윤

수학에 대한 나의 관점과 세상을 보는 나의 관점을 바꿔주었다 지겨운 사막 속에서 수학의 즐거움이라는 오아시스를 발견하게 해준 책이다.

초판 1쇄 인쇄 2025년 10월 13일
초판 1쇄 발행 2022년 10월 15일

지은이 정의채

표지디자인 아트아이 색놀이터(편해라)
편집디자인 조이북(허해란)

펴낸곳 도서출판 솔언덕
출판등록 2009년 10월 30일
주소 인천시 강화군 강화읍 강화대로 392-6 2층
전화 010 3212 8684
E-mail jeongeuichai@hanmail.net

ⓒ정의채, 2025

ISBN 979-11-980156-1-7 (03370)

·이 책은 저작권법에 따라 보호받는 저작물이므로 무단전재와 무단복제를 금지하며, 이 책의 전부 또는 일부 내용을 이용하려면 반드시 사전에 저작권자와 도서출판 솔언덕의 동의를 받아야 합니다.

·잘못된 책은 구입하신 서점에서 바꿔드립니다.
·책값은 뒤표지에 있습니다.